新版

はじめての環境学

北川秀樹　増田啓子　著

法律文化社

新版はしがき

　『はじめての環境学』の初版が出版されてから，すでに9年近くになる。この間，本書は環境学の入門書として多くの学生，社会人の方に親しまれてきた。一方で，この間の国内外の社会・経済・環境をめぐる情勢等は大きく変化するとともに，法政策の制定・改正も進んでおり，これらを反映した新版を発行することとなった。

　2008年に起きた米国発リーマンショックとその後の経済の停滞は人々の環境意識にも大きな影響を及ぼし，表面的には環境より経済，雇用優先という風潮が目立つようになったと思われる。また，2011年3月の東日本大震災とそれに伴う福島第一原子力発電所事故による深刻な放射能汚染は，環境保全の前提としての「安全」の大切さを再認識させた。

　他方，地球温暖化はますます進行し，異常気象の頻発，生態系の急激な変化がわが国においても顕著になってきている。もはや気温上昇，海面上昇を短期間に抑制することはきわめて困難になっており，従来の温室効果ガスを減らす「緩和策」から温暖化に伴う気候や生態系の変化に対応した「適応策」へとその重点が移行しつつあるといえる。このようななかで，2015年12月のCOP21で採択されたパリ協定は先進国，途上国のほとんどすべての国が参加する温暖化対策の枠組みであり，気温の上昇を2℃以内に抑えることを目標とし，将来的には炭素を排出しない社会をめざそうとするものである。しかしながら，2016年に誕生した米国のトランプ大統領は「自国第一主義」を標榜し，2017年6月にパリ協定からの離脱を表明，国際社会を大きく失望させた。この余波を受け，同年11月のドイツ・ボンでのCOP23ではパリ協定のルール作りが順調に進んでいないなど懸念事項が残る。

　ただ，世界の大きな潮流は環境重視の方向に進んでいることは疑いない。中国，インドなどの新興国においても石炭消費の削減，電気自動車などのエコカー導入への積極的な対策に本格的に乗り出している。また，米国内においてもカリフォルニア州やニューヨーク市においては自治体として独自の意欲的な

i

対策を進めるなど，世界の各地で再生可能エネルギーの導入をはじめとした低炭素社会への取り組みが進展している。また，ESG投資にみられるように，環境，社会に配慮した企業への投資が公的年金基金を中心に進みだしている。

　振り返れば，人類が地球環境の悪化を認識し，協調して取り組みだした1992年のリオ・サミットから四半世紀，紆余曲折はありつつも確実に環境への取り組みは前進している。ただ，地球上の人口は途上国を中心に今後も増加が続き，国際連合「世界人口予測・2017年改訂版（2017年6月）」によれば，現在の76億人程度から2050年には98億人，2100年には112億人に達すると見込まれる。これに伴い，人類の生活，事業における活動はますます活発になり，環境への負荷は著しく増大すると予想される。今や地球上の資源，環境が有限であることを認識し，世界が平等互恵の理念のもとに，資源循環・脱炭素社会の形成をめざしかけがえのない地球環境を保全する行動に協調して取り組まなければならない。経済は発展するが，環境への負荷は低減するデカップリングは実現可能であると考える。リオ・サミット以降，日本における取り組みも着実に進展している。たしかにここ数年環境への注目度は低下したが，それは生活や事業活動のなかで，環境への配慮は当然のこととして織り込まれるようになった結果でもあると思う。

　今回の新版では2012年の第2版以降の新たな証拠や知見，制定・改正された法律・政策をできるだけ盛り込んだ。引き続き，はじめて環境学を学ぶ学生や社会人ばかりでなく，環境社会検定試験（ECO検定）の受検者にも，本書が幅広く利用されることを願ってやまない。

　むすびに，校正にあたりお世話になった法律文化社の上田哲平氏にお礼を申し上げる。

　　2017年11月吉日

北川　秀樹

増田　啓子

は し が き

　今日，経済発展に伴い，私たちの生活は快適で便利なものになったが，人類の活動は人口の増加とも相まって，自然環境に大きな負荷を与え，様々な環境問題を生み出している。戦後，わが国をはじめ多くの国で顕在化した地域的な産業型公害に加え，廃棄物の増加や自動車の排気ガスによる都市生活型の環境汚染，二酸化炭素などの温室効果ガスの増加による地球温暖化の進行，近年のPCB，ダイオキシンなどの残留性のある有害化学物質による健康や生態系への影響など，環境問題はますます広がりと複雑さを増している。これらを総合的に理解し，解決するための学問として「環境学」があると考える。

　「環境学」が提唱されてからの歴史は浅いが，自然科学のメカニズムの基礎の上に，人間活動により生起する様々な環境問題を法律，経済，倫理などの視点も踏まえどのように解決していくか，学際的な知識の理解と応用が求められる領域である。

　私たちは，2002年9月から龍谷大学の環境サイエンスコースにおいて必修科目として環境学を分担して担当している。社会科学系学部（経済，経営，法）所属学生が環境に関する科目を集中的に学ぶ前提として2回生後期から1年間，入門的な環境学（4単位）の講義を行っている。コースの学生は，すでに環境問題について中学，高校の社会科や理科の科目，総合学習等の一部において学習を行っているが，その知識や理解は断片的なものにとどまっている。

　このため，主として環境専攻の初学者を対象に体系的な環境学の理解に資するテキストが必要であると考えていた。本書は，実際に教壇に立ち，そこで得た経験を基に，環境学の入門書となるテキストとして企画，執筆した。また，大学の教養教育科目のテキストとしても利用可能なものであるばかりでなく，大学院生，社会人の方がこれから専門に環境を学ぶ際の入門書としてもご活用いただけるものと信じる。

　本書の構成は，第1章「環境史」，第2章「環境問題発生のメカニズム」，第3章「環境法・政策・制度」および第4章「ステークホルダーの参加と協働」

からなり，環境に関する歴史，メカニズム，制度などを体系的に理解できるよう内容を工夫した。具体的には，できるだけ視覚的な理解に資するため図表を多く配置したほか，トピックとしてエピソードや解説を適宜挿入した。

　本書が多くの方の利用に供されるとともに，はじめて環境学を学ぶ学生，社会人の手引きになることを切に望むものである。

　2009年1月吉日

増田　啓子
北川　秀樹

目　　次

新版はしがき
はしがき

第1章　環　境　史

1-1　世　　界 ·· 1

- **1-1-1**　第 1 期（18世紀以前）　1
- **1-1-2**　第 2 期（19世紀）　1
- **1-1-3**　第 3 期（20世紀前半）　2
- **1-1-4**　第 4 期（1950年代〜60年代）　3
- **1-1-5**　第 5 期（1970年代〜80年代前半）　4
- **1-1-6**　第 6 期（1980年代後半〜現在）　7

1-2　日　　本 ·· 12

- **1-2-1**　江戸時代以前　12
- **1-2-2**　明治時代〜第一次世界大戦前　12
- **1-2-3**　第一次世界大戦〜第二次世界大戦終了時　14
- **1-2-4**　第二次世界大戦終了時〜1950年代前半　17
- **1-2-5**　1950年代後半〜70年代前半　17
- **1-2-6**　1970年代後半〜80年代前半　19
- **1-2-7**　1980年代後半〜現代　19

第2章　環境問題発生のメカニズム

2-1　大 気 汚 染 ·· 22

- **2-1-1**　発生の仕組み　22
- **2-1-2**　季節による顕著な大気汚染問題　24
- **2-1-3**　わが国の大気汚染問題の変遷　25
- **2-1-4**　わが国の硫黄酸化物・窒素酸化物の濃度の推移　25
- **2-1-5**　世界の大気汚染状況　27
- **2-1-6**　越境大気汚染　31
- **2-1-7**　騒音・振動・悪臭問題　31

2-2 水 環 境 ··· 32

2-2-1 わが国の水資源と用途　32

2-2-2 公共用水域（河川, 湖沼, 内湾, 内海, 海域）の水質　34

2-2-3 環境基準が設けられている水質　35

2-2-4 地 下 水　38

2-2-5 海域の汚染　39

2-3 廃棄物（ごみ）問題 ·································· 41

2-3-1 わが国の廃棄物（ごみ）の推移　41

2-3-2 わが国のリサイクル率　44

2-3-3 最終処分場の残余年数の推移　45

2-3-4 廃棄物（ごみ）の不法投棄件数　45

2-4 有害化学物質 ··· 47

2-4-1 有害化学物質の発生源と人や生態系への暴露　48

2-4-2 身の回りの有害化学物質　50

2-4-3 内分泌かく乱化学物質（環境ホルモン）　51

2-5 地球環境問題とは ································· 53

2-6 地球温暖化 ·· 55

2-6-1 地球温暖化とは　55

2-6-2 地球温暖化のメカニズム　57

2-6-3 地球温暖化と今後の見通し　62

2-6-4 地球温暖化の影響　65

2-7 オゾン層の破壊 ···································· 67

2-7-1 オゾン層とは　67

2-7-2 オゾンの生成・消滅　67

2-7-3 オゾン層破壊の推移　68

2-7-4 対流圏オゾン　69

2-8 酸 性 雨 ··· 70

2-8-1 酸性雨とは　70

2-8-2 わが国の酸性雨の状況　71

2-8-3 東アジア地域の酸性雨の状況　72

2-8-4 酸性雨の被害　73

2-8-5 大気汚染物質とともに運ばれる黄砂現象　74

2-9　海 洋 汚 染 ………………………………………… 76

2-10　森 林 破 壊 ………………………………………… 78

2-11　砂 漠 化 …………………………………………… 81

2-11-1 砂漠化とは　81

2-11-2 砂漠化の原因　83

2-12　生物多様性の喪失（野生生物の減少）………… 84

2-12-1 生物多様性とは　84

2-12-2 野生生物の減少　86

2-12-3 野生生物の減少や絶滅の原因　88

2-12-4 野生生物の減少（生物多様性の喪失）による影響　90

第3章　環境法・政策・制度

3-1　環境基本法 ………………………………………… 92

3-1-1 制定の背景　92

3-1-2 法の内容　93

3-2　環境基本計画 ……………………………………… 95

3-2-1 第4次環境基本計画の概要　96

3-3　環境政策のための基本的な考え方と各種手法 ……… 98

3-3-1 基本的な考え方　98

3-3-2 各種手法　101

3-4　環境アセスメント（環境影響評価）……………… 103

3-4-1 環境アセスメントの機能　105

3-4-2 環境アセスメント制度の経緯　105

3-4-3 環境アセスメントの手続きの流れ　107

3-4-4 環境アセスメントの実施のポイント　107

3-4-5 環境アセスメントの適切な運用への取組み　108

3-4-6 地方自治体における取組み　109

3-4-7 戦略的環境アセスメント（SEA）制度　111

3-4-8 課題と法改正（2011年）　112

3-4-9　その他の環境アセスメント　112

3-5　汚染防止 ……………………………………………………… 113

3-5-1　規制手法　113

3-5-2　大気汚染　114

3-5-3　水質汚濁　119

3-5-4　騒音・振動・悪臭　121

3-5-5　地盤沈下　123

3-5-6　土壌汚染　123

3-5-7　ダイオキシン類による汚染　125

3-5-8　石綿（アスベスト）による健康被害　127

3-5-9　公害健康被害の補償　128

3-6　脱温暖化社会の形成 ………………………………………… 129

3-6-1　国際的な枠組み　129

3-6-2　わが国の対策　130

3-7　廃棄物と循環型社会の形成 ………………………………… 141

3-7-1　廃棄物処理の変遷　141

3-7-2　廃棄物とは何か？　142

3-7-3　廃棄物処理の原則と現状　144

3-7-4　循環型社会形成推進のための法律　145

3-8　有害化学物質対策 …………………………………………… 165

3-8-1　現状と対策　165

3-8-2　化学物質審査規制法（化審法）　167

3-8-3　PRTR 法または化学物質管理促進法（化管法）　169

3-8-4　シックハウス症候群防止対策　172

3-9　自然環境の保全 ……………………………………………… 172

3-9-1　地域的自然環境の保全　172

3-9-2　自然再生推進法　176

3-10　野生生物の保護 …………………………………………… 177

3-10-1　保護に関する法制度　177

3-10-2　種の保存法　179

3-10-3　外来生物法　179

3-10-4　生物多様性基本法　181

3-10-5　法制度の問題点　　182

3-11　環 境 教 育 ……………………………………………… 182

第4章　ステークホルダーの参加と協働

4-1　地方自治体 ……………………………………………… 184
　　　4-1-1　地方自治体の役割　　184
　　　4-1-2　環境モデル都市・環境未来都市　　185

4-2　企　　　業 ……………………………………………… 187
　　　4-2-1　環境マネジメントシステム　　187
　　　4-2-2　環境報告書　　188
　　　4-2-3　環境会計　　189
　　　4-2-4　社会的責任投資（SRI）　　189
　　　4-2-5　企業の社会的責任（CSR）　　190

4-3　環境 NGO・NPO ……………………………………… 190

巻末資料 ……………………………………………………………… 193

主な参考文献 ………………………………………………………… 203

索　　引 ……………………………………………………………… 205

Topic 目次

① 漱石とロンドンのスモッグ（2）　② 持続可能な開発（Sustainable Development）（6）　③ ボパールの化学工場爆発事故（7）　④ 共通だが差異のある責任（10）　⑤ ヨハネスブルグ・サミット（11）　⑥ 鉄道公害と信玄公旗掛松事件（15）　⑦ 熊本水俣病（17）　⑧ 黄　砂（30）　⑨ 光化学オキシダント（スモッグ）の注意報の基準（30）　⑩ 赤潮・青潮（39）　⑪ 東アジアの酸性雨（71）　⑫ ナホトカ号事件（76）　⑬ K値規制（116）　⑭ 国内の温室効果ガスの推移（132）　⑮ バイオマス燃料（136）　⑯ 二酸化炭素の地中貯留・CCS（140）　⑰ 豊島産業廃棄物不法投棄事件（142）　⑱ グリーン購入（164）　⑲ 環境ガバナンス（185）　⑳ SDGs（191）　㉑ NGO・NPO への支援（192）

第1章 環 境 史

　世界と日本の主だった環境に関する事件，出来事，対策等をとりあげ，歴史的な視点から環境問題を考える（→巻末：**資料1**「環境関連年表」参照）。

1-1 世　界

　環境史を18世紀以前，19世紀，20世紀前半，1950年代～60年代，1970年代～80年代前半，1980年代後半～現在の6期に分けて概略を説明する。

1-1-1　第1期（18世紀以前）

　歴史上いつごろから，環境問題が生まれたのか。「環境問題」を人為的な原因で生み出された環境の汚染や破壊，人間の健康の喪失と考えた場合，最も早くは13世紀に遡る。

　イギリス都市部において家庭で使う石炭が原因でばい煙問題が生じたとされる。16世紀には，ドイツ国内で工業発達に伴う公害や森林の荒廃が進んだ。

1-1-2　第2期（19世紀）

　この時期は，産業革命による工業起源の公害や都市化による都市公害問題が顕在化した時期である。特に，石炭や石油などの燃料燃焼に伴うばい煙問題が社会問題となり，対策が講じられるようになってきた。

　イギリスでは，1819年に国会で第1回ばい煙問題対策委員会が開催された。また，1875年に公衆衛生法が制定され，炉や煙突に法規制がなされている。しかし，ロンドンの激しいばい煙は抑制されることがなく，1880年と1882年にはロンドンで濃霧とばい煙によりスモッグが発生，死者が増加した（→**Topic①**）。

この時期，アメリカの工業地帯でもばい煙問題が顕在化している。1864年には
ミズーリ州でばい煙規制条例，1881年にはシカゴでばい煙取締りに関する市条
例が制定されている。

　一方で，自然保護の思想も芽生えてくる。1885年にイギリスで3人の篤志家
が資金を出し合って優れた自然地域を買い取り保存する財団が作られたが，
1907年には，イギリスでナショナル・トラスト（名勝や景勝地保存のための民間
運動）法が制定された。アメリカでは，市民の自然保護への関心が高まり，
1892年に「シエラ・クラブ」，1905年に「オーデュボン協会」という現在まで
活動している自然保護団体が成立している。

1-1-3　第3期（20世紀前半）

　人類は第一次，第二次と二度の世界大戦を経験した。国力増強をめざした欧
米諸国において，重工業が発展し公害問題が社会問題化した時期である。

　工業の発展とともに，アメリカでは大気汚染が深刻となった。1912年，アメ
リカ・ロサンゼルスでスモッグが発生したが，1881年以降この年までに50以上
の都市でばい煙規制条例が制定された。また，1930年にはベルギー・ミューズ
地方の工場地帯でスモッグが発生している。

　第二次世界大戦後もこの傾向は続いた。1948年，アメリカ・ロサンゼルスで
1943年以来のスモッグ発生に続き，58日間の長期スモッグが発生，ペンシルバ

Topic ①　漱石とロンドンのスモッグ

　「坊ちゃん」，「こころ」などで有名な明治の文豪・夏目漱石は，1900年に留学のため
ロンドンに到着。翌年1月4日の日記には，「倫敦（ロンドン）の街を散歩して試みに痰を吐きて見
よ真黒なる塊りの出るに驚くべし何百万の市民は此煤煙と此塵埃を吸収して毎日彼等の
肺臓を染めつつあるなり我ながら鼻をかみ痰するときは気の引けるほど気味悪きなり」
という感想を記している。ロンドン名物であったスモッグに漱石も悩まされていたわけ
だ。19世紀末のロンドンは，街中から排出される煤煙のために空は常に黒く覆われ，そ
こに霧が出ると膨大なスモッグが発生し，視界をさえぎったようだ。当時の激甚な大気
汚染がわかる記録といえる。

（漱石全集第13巻所収『日記』〔岩波書店〕より）

ニア州ではスモッグ発生に伴い，18人が死亡した。

　また，1950年に，イギリス，カンブリア州，セラフィールドでプルトニウム生産原子炉が稼動を開始。多くの事故を発生させ周辺住民や労働者の健康障害のもとになる。

1-1-4　第4期（1950年代～60年代）

　この時期は，アメリカをはじめとした欧米での自動車の普及とともに排気ガスが主たる原因となり，人命の損失をも伴う大気汚染事件が顕在化している。アメリカのロサンゼルスでは，窒素酸化物や揮発性有機化学物質（VOC）による光化学オキシダントが原因となり，光化学スモッグが発生している。また，ロンドンのスモッグは引き続き有効に抑制されず，環境対策関係法が整備されるようになる。

　年次別にみてみると，1952年にロンドンでスモッグのため過剰死者（通常時に比べ増加した死者）4000人が発生，1956年には，イギリスで大気清浄法が制定された。

　1957年に，ドイツ製薬会社グリュンネンタールが睡眠薬サリドマイドを大々的に宣伝発売した。これを服用した妊婦がサリドマイド児（手足が極端に未発達な胎児）を出産，世界的に問題化した。日本でも300人を超える患者が確認されている。1966年に，オーストリアの最高裁判所は，サリドマイド児の父親の訴えを認める判決を下している。

　1962年には，アメリカの女性海洋生物学者レイチェル・カーソンが『沈黙の春（SILENT SPRING）』を刊行，DDTなどの農薬による生態系への影響について警告を発した。これを受け，アメリカ農務省は，DDTと同系統のディルドリンなど8種類の農薬の一時使用停止措置をとっている。なお，アメリカ農務省は1970年にDDTを全面使用禁止としている。

　このころ，アメリカはベトナム戦争で，繁茂する草木の除去のため，ダイオキシンの一種とされる枯葉剤を散布した。このことが原因となってベトナムでは多くの奇形児が生まれた。

　1967年，リベリア籍大型タンカー，トリー・キャニオン号がイギリス南西部

で座礁し，重油汚染は甚大であった。海洋が荒れていたこともあり重油抜き取りに失敗，イギリスは同船を爆破した。

また，1969年には，オランダのライン川が殺虫剤で汚染されていることが判明したり，アメリカ，ニューメキシコ州アラモゴルドで水銀消毒種子を食用とした黒人一家に水俣病の発症が確認されたりするなど，農薬や化学物質による健康被害も顕在化した時期であった。

1-1-5　第5期（1970年代～80年代前半）

この時期は前期に引き続き化学物質等による汚染のほか，原子力発電の事故が頻発，住民の環境汚染への懸念が強まり，環境保護への意識が高まりをみせた。特に，1970年はアメリカを中心に，環境保護の取組みが世界的に進展した。

1970年，カナダ・オンタリオ州のカナダ原住民（インディアン）に，パルプ工場排水中の水銀による生活と健康被害が発生し，アメリカ政府は11企業を公害で告発した。また，アメリカのオハイオ州知事が，エリー湖の水銀汚染に伴い漁獲禁止令を発し，関連会社を水銀廃液放出で提訴した。同年，アメリカのニクソン大統領は一般教書演説で環境問題の重要性を指摘した。大気汚染の分野では，マスキー上院議員が提唱した大気汚染防止法（マスキー法）が上院で可決された。しかし，同法は一酸化炭素，炭化水素，窒素酸化物を5年で1970年の10％に削減するというきわめて厳しい基準を設定したため，日本の自動車メーカーを除いて基準をクリアできず，1974年に廃止された。なお，アメリカ上下両院は，1972年に連邦水質汚染防止法（水のマスキー法）を可決している。

1970年4月には，ウィスコンシン州上院議員・ゲイロードネルソンが発案，デニス・ヘイズら3人の大学院生がアースディを企画し，全米1,500大学，2,000地域，1万の学校で集会が開かれた。ヒッピーや厭戦気分の反戦運動家，人権運動家も吸収し，市民運動として発展，全世界に波及し141カ国，2億人が参加した。

同年，先進国が加盟する経済協力開発機構（OECD）に環境委員会が設置された。同委員会は1972年，公害防止費用に関し「汚染者負担の原則（Polluter Pays Principle: PPP）」（→3-3-1・1参照）を採択している。

1972年，ローマクラブはレポート「人類の危機（成長の限界）」を刊行，今までどおりの成長を続ける限り人類は破滅に向かうと警告した。しかし，経済発展を優先する発展途上国からは，あまりにも暗い未来として受け入れられなかった。この時期，日本においても，高度経済成長の陰で激甚な公害に見舞われた。アメリカ・タイムズ紙は，1972年に公害ニッポン特集を組んでいる。

同年，スウェーデンのストックホルムで国連人間環境会議が開催され，全世界113カ国の政府代表，50の国際機関，1,000人以上のジャーナリストが参加，最初の大規模な環境をテーマとした国際会議となった。この会議には，水俣病患者も参加し世界に衝撃を与えた。アジアでも環境意識が高まってきた。1974年にはマレーシアで環境保全法が制定されるとともに，環境省が発足した。

国際環境条約の締結もこの時期から始まる。1975年には，絶滅のおそれのある野生動植物の種の国際取引に関する条約（ワシントン条約）が発効した。また，デンマーク，フィンランド，東西ドイツ，ポーランド，スウェーデン，ノルウェーなどで酸性雨被害が深刻となり，後の長距離越境大気汚染条約の採択（ウィーン条約，1979年）につながった。

また，水鳥の生息地として国際的に重要な湿地に関する条約（ラムサール条約），廃棄物その他のものの投棄による海洋汚染の防止に関する条約（ロンドン・ダンピング条約）が発効した。

環境に関する事件も多発している。

1971年，イラクで，水銀消毒の種子を食した農民に6,000人の死者，1万人の重症者が発生するという事故が発生した。

1973年，イギリスではホワイトヘブン原子力発電所で原子炉が故障，研究員ら40人が放射能に被曝する事故が起こり，原発の安全性に対する懸念が高まる。

1976年，イタリア北部のセベソ町で農薬工場が爆発し，ダイオキシンが発生，町は閉鎖された。1983年，ダイオキシン汚染土を封入保管していたドラム缶が紛失し，8カ月後に北フランスで発見された。引取りをめぐりイタリア，フランス間で紛糾する。結局，農薬工場の親会社が所属するスイスが引き取り決着した。このセベソ事件を契機に，事業者が危険物情報を当局に報告しなければならないとする「セベソ指令」が制定された。

アメリカでは大規模な土壌汚染事件が顕在化した。ナイアガラフォール近くのラブ・キャナル地区はもともと運河として掘削された地域であったが，フッカー化学はここの掘割にベンゼン，クロロホルムなどの発がん性物質2万1,000tを投棄し，埋立て整地，1953年にナイアガラフォール市に1ドルで売却した。ここに住宅が建設されたが，降雨とともに埋め立てられた有害化学物質が地表に滲出，住民に流産，死産，染色体異常が相次いだ（ラブ・キャナル事件）。1978年，住宅地造成に使用された有害化学物質と住民の健康障害の関係が判明した。1981年アメリカ環境保護局は住民710世帯に移転勧告を行った。この事件を契機に，全国調査が行われ，土壌汚染されている危険な箇所が1,200〜2,000あるということが明らかとなり，土壌汚染の浄化責任を定める包括的環境対策補償責任法（いわゆるスーパーファンド法）が制定された。また，1981年，カリフォルニア州シリコンバレーで水道水源の有機溶剤汚染が発生している。

この時期から，原子力発電所の事故も頻発する。1979年には，アメリカ，ペンシルバニア州のスリーマイル・アイランドの原子力発電所で機器の故障や人為的なミスから原子炉内の一部が溶融する事故が発生した。1980年には，デンマーク政府が，原子炉建設の無期延期を決定している。1982年には，アメリカの原発事故が11年間で169件起こっているとの報告があり，アメリカ全土で反核集会が開催された。

アジアでも環境問題が顕在化する。韓国・蔚山でクロム鉱害が激化，また，温山で亜鉛精錬による公害が多発する。1970年代後半〜80年にかけ，マレーシア・サラワク州の過剰森林伐採で住民と伐採会社との間で紛争が頻発した。これには日本の外材の輸入量増加が関係している。

1980年，アメリカ・ニューヨークの自由の女神も酸性雨の被害を受けている

Topic ②　持続可能な開発（Sustainable Development）

　将来の世代が自らの欲求を損なうことなく，今日の世代の欲求を満たすような開発をいう。将来世代のことを念頭に置き資源の持続的な利用や環境への負荷を考えようという理念。1992年のリオ・サミットや2002年のヨハネスブルグ・サミットの主導的な理念となり，今日に至るまで，世界が環境問題に対処する際の基本的な考え方となっている。

ことが判明する。1983年，ヨーロッパ経済委員会（EC）が大気汚染の防止を目的に作成した長距離越境大気汚染条約（ウィーン条約）が発効した。

　1982年，国連人間環境会議開催から10年の節目に，国連環境計画（UNEP）の主催で国連環境計画管理理事会特別会合（国連ナイロビ環境会議）が開催され，「ナイロビ宣言」や「1982年の環境：回顧と展望」などが採択された。日本はこの会議で，高い見地から環境問題について提言を行う委員会の設置を提案，1984年，環境と開発に関する世界委員会（国連人間環境会議特別委員会：WCED）が発足，同委員会は委員長を務めたノルウェー首相の名前を冠し，ブルントラント委員会ともいわれる。1987年，委員会は報告書「我ら共有する未来（Our Common Future）」で「持続可能な開発」の考え方を提示した（→**Topic** ②）。

　西ドイツでは，1983年の選挙で環境保護を政策課題に掲げる緑の党が得票率5.6％を獲得，連邦議会に初進出した。

　一方で，1984年には，アメリカのユニオンカーバイド社所有のインド・ボパールの農薬工場で爆発事故が発生，猛毒のイソシアン酸メチルが放出され短時間に2,000人以上が死亡した（→**Topic** ③）。

1-1-6　第6期（1980年代後半〜現在）

　この時期は，国境を越える地球環境問題が進行し，それへの取組みが本格化する時期である。

　1985年に，南極上空におけるオゾンホールの存在が公表され，原因が特定フ

Topic ③　ボパールの化学工場爆発事故

　1976年，ユニオンカーバイド社はインド中部のボパールの繁華街近くに農薬工場を建設し，殺虫剤・イソシアン酸メチルを開発した。しかし，農民は貧しく農薬を買う余裕がなかった。このため，コスト削減から管理も十分行われなくなった。1984年12月，63tのイソシアン酸メチルのタンクに水が流れ込み圧力異常を起こし，有毒ガスがあふれ多くの人が亡くなった。合計死者は1万6,000〜2万人といわれる。ユニオンカーバイド社のCEO・ウォレン・アンダーソンはインド政府から業務上過失罪の疑いで身柄を求められているが，拘束されていない。工場周辺は有害化学物質で激しく汚染され，いまだに多くの人が後遺症に苦しんでいる。

ロンによるものであることが明らかとなり，国連環境計画の主導によりオゾン層保護のためのウィーン条約が採択された。また，この年国連食糧農業機関は熱帯林行動計画を採択，熱帯林の破壊は1981年〜85年まで毎年1,100万 ha と推計されている。

1986年，スイス・バーゼルの化学工場から流出した水銀などの有害物質でライン川の汚染が発生する。4月，旧ソビエト連邦のチェルノブイリ原子力発電所4号炉で，構造上の欠陥から史上最大の原発事故が発生した。放射能は北半球の多くを覆うとともに，当時のソ連政府が1週間も事件の発生を秘匿したこともあり，500万人の市民が被爆，死者3万人という大きな被害をもたらした。

同年，イギリス，セラフィールド周辺で小児ガンの高率発生が確認されたが，プルトニウム再処理工場との因果関係は明らかにならなかった（→1-1-3参照）。また，マレーシアで環境アセスメント法が制定されている。

1987年，オゾン層保護のためのウィーン条約の義務を具体化するため，「オゾン層を破壊する物質に関するモントリオール議定書」（モントリオール議定書）が採択され，特定フロン（CFC，HCFC等），ハロン等が規制され，使用と削減のスケジュールが定められた。

1988年，ナイジェリアに不法投棄されていたイタリアの有害物質を積んだ貨物船カリンB号が世界各地の入港拒否で放浪する事件が発生する。

地球温暖化問題では同年，カナダで300人以上の気候研究者，法律家，政府関係者，ビジネス関係者などの参加によりトロント会議が開催され，トロント目標，すなわち「究極の目標である二酸化炭素濃度の安定化には，現在の50％以上の排出削減が必要であるが，当面の目標として先進国が率先して2005年までに1988年時点の排出量の20％を削減する」との合意がなされた。また同年，各国の科学者，政策担当者等が地球温暖化の原因，メカニズム，影響などをとりまとめる機関として，気候変動に関する政府間パネル（Intergovernmental Panel on Climate Change: IPCC）が世界気象機関，国連環境計画により設置され，地球温暖化が科学者の間での関心事から，有力な政治家，官僚，企業家，NGO が討議に加わる広範な課題となった。

1989年，国連環境計画は，有害廃棄物の越境移動及びその処分の規制に関す

るバーゼル条約を採択。このきっかけとなったのはイタリアセベソの汚染土紛失事件であった（→1-1-5参照）。

　同年，大気汚染と気候変動に関する閣僚会議がオランダ・ノールトウェイクで開催され，68カ国が参加，「ノールトウェイク宣言」が採択され，温室効果ガスの濃度を安定化させることについて世界がはじめて合意，具体的な目標の検討をIPCCで行うことが決定された。

　1990年，1970年以来20年ぶりのアースディ国際行動が行われ，140カ国1億人が参加した。89年に東西ベルリンの壁が崩壊，世界の冷戦が緩和，新たな地球規模の問題として地球環境問題が浮上してくる。

　このような環境問題への関心の高まりの中で，1992年6月，ブラジルのリオ・デジャネイロで環境と開発に関する国連会議（リオ・サミット，地球サミット，UNCED）が開催された。環境をテーマとし，100余カ国からの元首または首相を含め約180の国と地域が参加した。また，多くの環境NGOが参加した。この会議では環境に関する基本的な原則を示した「環境と開発に関するリオ宣言」（リオ宣言），21世紀に向けての行動計画である「アジェンダ21」が採択されるとともに，「気候変動枠組条約」および「生物多様性条約」への署名，森林原則声明への合意がなされた。このうち，リオ宣言では「共通だが差異のある責任（原則7）」（→Topic④）「予防的アプローチ（原則15）」「汚染者負担の原則（原則16）」などの環境問題に対処する際の重要な考え方が盛り込まれている（→3-3-1参照）。気候変動枠組条約は会議前に採択され，この会議で各国は署名，1994年に発効した。条約の目的は，「気候系に対して危険な人為的干渉を及ぼすこととならない水準において大気中の温室効果ガスの濃度を安定化させること」とされた。1997年の同条約の第3回の締約国会議（COP3）において，先進国の温室効果ガス削減目標を定める京都議定書が採択された。

　リオ・サミットから10年後の2002年，南アフリカのヨハネスブルグで持続可能な開発に関する世界首脳会議（ヨハネスブルグ・サミット，WSSD，環境・開発サミット，リオ+10）が開催され，190の国と地域の代表団，104カ国の首脳，産業界，NGO等約6万人が参加した。この会議では，政治宣言として，基本的な考え方を記した「持続可能な開発に関するヨハネスブルク宣言」，各国の合

意を得た，拘束力のある「実施計画文書（アジェンダ21のレビューと推進）」および政府，企業，民間団体が協力して持続可能な開発に向けて取り組むプログラムや約束を公表する「約束文書」がとりまとめられた（→**Topic**⑤）。

　また，ヨハネスブルグ・サミットから10年を迎える2012年に，再びリオデジャネイロで国連の環境会議（リオ＋20）が開催され，環境と経済の両立をはかる「グリーンエコノミー」の必要性が強調された。

　2015年9月，ニューヨークの国連本部において，「国連持続可能な開発サミット」が開催され，150を超える加盟国首脳の参加のもと，その成果文書として，「我々の世界を変革する：持続可能な開発のための2030アジェンダ」が採択された。アジェンダは，人間，地球及び繁栄のための行動計画として，宣言および目標を掲げたが，これが2000年の国連総会で採択されたミレニアム開発目標（MDGs）の後継であり，17の目標と169のターゲットからなる「持続可能な開発目標（SDGs）」である。加盟国は，全会一致で採択したアジェンダをもとに，2015年から2030年までに，貧困や飢餓，エネルギー，気候変動，平和的社会など，持続可能な開発のための諸目標を達成することに努めることとなっている。

　地球温暖化対策については，2005年2月にロシアの批准により京都議定書が発効した。2013年以降の議定書約束期間終了後の対策については，2011年の南アフリカ・ダーバンでのCOP17において京都議定書の延長が決定されたが，日本，アメリカ，カナダ，ニュージーランド，ロシアは参加しなかった。IPCCは2013年9月から第5次評価報告書の各部会報告書を公表，2014年11月に統合報告書が出された。この中では，温暖化については「疑う余地がない」

Topic ④　共通だが差異のある責任

　地球環境問題を解決するための責任は地球上の国家に対してはすべて共通だが，経済発展を早く成し遂げ資源を多く消費し，地球環境を悪化させてきた先進国は発展途上国よりも重い責任があるとする原則。1992年採択のリオ宣言のほか，気候変動枠組条約にも書き込まれ，国際的に認知されている。地球温暖化防止の国際交渉では，途上国が具体的な削減数値目標を早期に負わない根拠として主張される。

こと，20世紀半ば以降の温暖化の主要な要因は人間の影響の可能性が極めて高いこと（95%以上），1880～2012年において世界平均地上気温は0.85℃上昇し，最近30年の各10年間の世界平均地上気温は1850年以降のどの10年間よりも高温であること，海洋酸性化を引き起こしていることなどを明らかにした。また，将来予測として，21世紀末までの世界平均地上気温の上昇は0.3～4.8℃，世界平均海面水位の上昇は0.26～0.82m である可能性が高いことを示した。

2015年12月のCOP21で，2020年以降の世界の地球温暖化対策の枠組みとなるパリ協定が採択された。産業革命前からの気温上昇を2℃未満に抑え，1.5℃未満になるよう努力すること，今世紀後半に排出と吸収のバランスを目指すこと，すべての国は目標を設定しそれに向けて政策をとること，目標や関連情報を5年ごとに報告することなどが盛り込まれた。また，適応策の実施や先進国の資金提供についても定められた。京都議定書のような削減目標に法的拘束力はなく，罰則もないが，すべての国が参加する枠組みとして評価できる。パリ協定は2016年11月4日に発効した。しかし，アメリカのトランプ大統領は2017年6月，パリ協定からの離脱を表明した（実際は2020年11月以降に可能）。

Topic ⑤　ヨハネスブルグ・サミット

　リオ・サミットからの10年間に世界の環境の状況は好転しないばかりでなく，サハラ砂漠以南のアフリカで最貧困層が増加する一方，グローバル化の進行により多国籍企業が莫大な利益を上げるなど格差が広がった。会議では，環境問題のみでなく，水，エネルギー，健康，農業，生物多様性（WEHAB）が主要なテーマとなった。

　サミットは持続可能な開発の理念で会議を総括しようとしたが，先進国，途上国をはじめ各国の利害が衝突した。各国の合意を前提とした政治宣言・ヨハネスブルグ宣言と実施計画文書が採択された。実施計画文書には，具体的な数値目標は乏しいが，水資源などの基礎的衛生にアクセスできない人の割合を2015年までに半減させることが採択された以外，大きな成果は得られなかった。

　日本との関係では，政府とNGOの共同提案による「持続可能な開発のための教育の10年」やアジアの大都市の抱える環境問題の改善を目指した「北九州イニシアティブ」が合意された。また，約束文書ではアフリカでのネリカ米普及に対する支援など，アジア，アフリカ諸国への支援プロジェクトが盛り込まれている。

（環境省地球環境局編集協力『ヨハネスブルグ・サミットからの発信』〔エネルギージャーナル社〕より）

1-2 日 本

日本の環境史を，江戸時代以前～現在まで7期に分けて説明する。

1-2-1 江戸時代以前

　この時期，すでに鉱山問題が発生した。環境汚染の被害者のほとんどは鉱山周辺の農漁業者であり，彼らは鉱山の閉鎖や被害補償を求めている。多くは要求の基本的部分を達成している。住友家の経営した愛媛県の別子銅山（1690年発見）は流域の数十村に被害を与えたが，産銅量が国内最大であったことから幕府の厚い庇護を受けており，また，被害のあった山林田野を買収する方策をとったため，紛争には至らなかった。

1-2-2 明治時代～第一次世界大戦前

　富国強兵，殖産興業政策の下で，鉱業，紡績業，製鉄業などの基幹産業をはじめ各種工業が公害発生源となった。これらは3大公害発生源であるとともに，3大労災発生源であった。発生源が国策企業であったこともあり，国，地方とも行政の対応は国策としての富国強兵，殖産興業に忠実に従い，被害を防止，解決する方向にはとられなかった。

　鉱業による被害については，鉱山の閉鎖や被害補償を求める大衆運動が展開された。1880年代の栃木県・足尾銅山鉱毒事件，愛媛県・別子銅山煙害事件が代表的なものである。

　都市部の公害について，都市居住者の対応は，発生源との社会的関係で異なっている。工場移転を求めたり，防止技術や施設を求めたりする一方，繁栄のしるしとして歓迎されることもあった。

　紡績業は農村からの女性労働者の長時間労働，生活の拘束，結核など健康を蝕むことが多かった。当時，製鉄業も七色の煙として，繁栄の象徴とみなされたが労働災害の発生率は高かった。

1　足尾銅山鉱毒事件

古河鉱業が経営する銅の精錬所において，1885（明治18）年の洋式精錬法導入から被害が生じ1956（昭和31）年の自溶炉完成により終息した。硫黄，銅，鉄からなる硫化鉱を精錬するために生じる亜硫酸ガス，砒素等により農林業，健康への被害が生じた。特に，鉱山の周辺23.4km²が裸地に，68.5km²が激しい被害を受けた。微害地を含めると400km²まで被害は及んだ。

衆議院議員・田中正造は，1891（明治24）年から帝国議会で活動を開始し，「押出し」と呼ばれる住民の抗議・請願活動が繰り返された。最大のものが1900年2月の川俣事件であり，渡良瀬川沿岸農民1万人が決死の覚悟で立ち上がり，川俣で官憲と衝突し，多数の逮捕者が出た。

1901年に，田中正造は天皇に直訴を行うが失敗する。1902年の第5回大量押出しでは，被害地の総代が農商務大臣と会見している。その後も渡良瀬川の氾濫により農地に被害が起こり，反対運動，陳情が繰り返された。

2　別子銅山煙害事件

愛媛県の別子銅山は住友家の経営により江戸時代から創業を始めていた。1884（明治17）年に新居浜に洋式溶鉱炉が完成してから，亜硫酸ガスにより付近の稲作などの農業に煙害の被害が顕在化した。1902（明治35）年には，関係議員が衆議院において質問を行っている。煙害の軽減を目的に1904年に精錬所を四阪島に移転したが，かえって煙が拡散され被害範囲が東予地方に広がった。1906年には水稲被害が深刻となり，農民の反対運動がきわめて強力となった。1910年に農商務大臣が調停に乗り出し，農民の補償提示の10倍を容認した。また，植林やレンガ水路の建設により被害軽減の努力が行われた。その後脱硫装置が導入され，1940（昭和15）年には煙害解決官民招待会まで開かれている。

3　煙の都・大阪

明治10年代の大阪はすでに多数の紡績工場が建設され，黒煙による大気汚染が生じていた。1883（明治16）年には大阪紡績社が操業，工場数が急増した。1888年には旧市内において煙突を立てる工場の建設を禁止する大阪府令が出されている。また，1902年には，大阪府議会が「ばい煙防止に関する意見書」を知事に提出，公害反対の声も高まった。1906年には大阪アルカリの亜硫酸ガス

等から稲作被害が生じている。しかし，当時は経済発展の国策が優先され，公害問題として認識されなかった。たとえば，大正年間の小学校の国語教科書には，工場が増え煙が多く上がっていることを賞賛する表現さえみられる。

4 北九州

1901（明治34）年に官営八幡製鉄所が操業を開始した。1910年代には煙害があったが，軍備増強の時代背景の中で北九州は八幡製鉄所の城下町として公害が表面化しなかった。当時，製鉄所から盛んに上る煙は，「七色の煙」といわれ，繁栄のシンボルとして旧・八幡市の歌にも謳われていた。一方で，環境汚染は進行し，洞海湾は下水貯留池となり生物が棲めない死の海となった。

1-2-3 第一次世界大戦～第二次世界大戦終了時

この時期は鉱業のほかに，製鉄業などの重工業や化学工業が発展する。特に軍需産業との関わりが大きくなる。被害例として，群馬県安中地方の亜鉛精錬工場が農民に被害を起こしたが，顕在化せず戦後に明らかとなった。また，北九州の炭鉱では水田，畑地の陥没，橋梁，家屋の傾斜などの被害があった。

都市環境問題として，工場による大気，水質，悪臭の発生とともに，人口の集積や都市化によって，都市の生活や交通が原因の騒音，大気，水質汚染が発生した。第二次世界大戦開始時には，公害反対運動は社会不安をあおるものとして禁止され，運動を行うものは鉱工業生産を妨害する「非国民」とされた。

1 日立鉱山煙害事件

1905（明治38）年に久原房之助により茨城県日立鉱山が開業した。1908年には精錬所を大雄院に移転，被害が拡大，年々補償額がかさみ1913（大正2）年には20万円に達し，被害はピークに達する。一方で1915年に高層気象観測所が開設，耐煙品種の開発が行われ，各町村にも煙害調査会が結成された。1914年には，当時の建築技術の粋を集めて156mの大煙突を建設し，いくぶん煙害は緩和されることとなった。しかし，公害が遠隔地に拡散したにすぎず，根本的な解決には1972（昭和47）年の自溶炉の建設まで待たなければならなかった。

日立鉱山では，足尾のような激烈な社会問題に発展しなかった。その理由としては，住民側の煙害対策委員長・関右馬允（三郎）と日立側の角弥太郎の尽

力によるところが大きいといわれる。関は自ら被害の実態を自分の足で調査し解決に努めた。また，角は鉱毒問題の賠償は法律の解釈を待つのでなく，鉱業家自身が道義的責任において負担すべきものであることを自覚していた。

2　神岡鉱山の煙害

三井の神岡鉱山は，1913（大正2）年からわが国最大の亜鉛鉱山となる。廃物の再利用は推進したが，公害防止設備は徹底して節約したといわれる。このため亜硫酸ガスが拡散し被害が生じた。1916年に開催された村民大会において，鉱山事務長は公害防止のためには多額の資金が必要となるため経済的に不可能であると発言している。1919年に農商務省の試験所により神通川の土砂分析が行われたところ，酸化銅と酸化亜鉛，なかでも酸化亜鉛にはカドミウムが含まれていたことが判明している。これが流域を汚染し戦後顕在化したイタイイタイ病の原因となった。精錬所の工法のため廃物が細かく汚染が拡大した。事業者は被害額より安い補償金の支払い，住民運動を抑圧するなど利益の優先に重点を置いた。

1932（昭和7）年に起きた満州事変後は亜鉛の軍需品としての需要が高まった。1943年には海軍の指定工場となり操業が本格化，桑の木が枯れる等の被害が生じた。このように，公害現象はあるが公害問題は起こらないといわれるように，ほとんどの被害者が潜在化し泣き寝入りを強いられたのが実情であった。

Topic ⑥　鉄道公害と信玄公旗掛松事件

当時は鉄道機関車のばい煙によって樹木が被害を受けることもあった。有名なのは戦国時代の武将・武田信玄が旗を立て掛けたといわれる由緒ある松が鉄道院の運行する機関車のばい煙により枯れたため，所有者が国に損害賠償を請求した事件である。大審院は1919（大正8）年，「権利行使について被害者が社会観念上認容すべきものと一般に認められる程度を超えたときは不法行為が成立する。ばい煙が発生するに任せて樹木を枯死させたことは不法行為に該当する」と判示した。本判決は権利濫用を承認した先例とされ，戦後の民法（1条3項　「権利ノ乱用ハコレヲ許サス」）にこの考え方が盛り込まれた。

（淡路剛久編集代表『環境法辞典』〔有斐閣〕より）

3 大阪の煙害

大阪が明治時代から煙害の被害を受けていたことはすでに述べた。1914（大正3）年には，住友伸銅所と日本紡績が創業し，ますます顕著となった。

大阪アルカリの操業に伴う亜硫酸ガス等の排出により周辺の農家に農作物の減収をもたらしたため，農民が賠償請求する煙毒問題が起きている。大審院は1916（大正5）年，民法709条の「過失」の認定にあたり，企業の予見可能性だけでは足らず，事業の性質に従い相当な設備を施していないこと（結果回避義務違反）が必要であると解した。この判例は現在まで踏襲されている。

大阪は工都，煙の都と呼ばれ，1929～32年にかけての昭和初期，新聞等にばい煙に関する記事が集中して掲載されている。1932（昭和7）年の報道によると衛生試験所の調査では，大阪市内だけで石炭の年間使用量は約300万t，1時間に16tの硫酸が降り注いでいた。この年，大阪府で日本初のばい煙防止規則が制定，実施された。

4 その他公害

大正時代から昭和のはじめにかけての水質汚濁については，農林省水産局の「水質保護に関する調査」がある。これによると全国的に汚染が発生しているが，汚染源としては，鉱山が筆頭で，製紙，人絹，でんぷん，食品，化学肥料，石油精製，船舶からの重油，農薬の流出が主なものである。この時期，新たに興った有機合成化学工業によるものとして，延岡，八代地方の日本窒素肥料，富山県の電気化学工業の汚染がある。

地盤沈下については，各種の中小企業が集中し地下水の揚水量が多い東京の江東地区で顕著であった。沈下傾向は明治末期から続いていたが，1923（大正12）年に著しく沈下が確認され，1930・31年に年間15～17cm，1937・38年に年間10～20cmの沈下が確認されている。江東区平井町では1970（昭和45）年までに，通算約4.3mの沈下を記録している。

1936（昭和11）年，警視庁建築課長であった石井桂がまとめた工場の公害問題についての陳情の統計では，1924～36年までの公害の傾向が読み取れる。陳情件数は1931年から急速に増えている。内容種別では，騒音，悪臭有毒ガス，振動，ばい煙，という順番になっている。

1-2-4　第二次世界大戦終了時～1950年代前半

1945（昭和20）年に戦争が終結し，日本全体が復興にとりかかったが生産活動は回復しておらず，公害問題は顕在化しなかった。ただし，筑豊，北九州などの産炭地の鉱害問題や群馬県安中鉱山にみられるような戦時中の乱掘による環境悪化や危険な状態が出現している。

1-2-5　1950年代後半～70年代前半

1956（昭和31）年に工業生産が戦前の水準にまで回復した。国は開発志向を強め，国土総合開発法を制定，自治体はばい煙対策などに乗り出している。

1　4 大 公 害

1950～60年代は，イタイイタイ病（1955〔昭和30〕年），水俣病（1956〔昭和31〕年），四日市公害（1955〔昭和30〕年），新潟水俣病（1965〔昭和40〕年）の4大公害をはじめ公害被害が多発し，反公害の大衆運動が最も高揚した時期であった。4大公害に対する裁判に，大阪国際空港の騒音公害に対する裁判を加えて5大公害裁判運動が展開されたが，1970年代前半にいずれも基本的に勝訴判決を獲得している。しかし，原因究明に長い歳月を要し，被害者が経験した苦痛や苦悩は計りしれないものであった。

Topic ⑦　熊本水俣病

熊本県水俣市のチッソ水俣工場のアセトアルデヒド生成工程での副生物である有機水銀が排水中に混入し魚貝類に蓄積，これを食したことによる中毒で食物連鎖によるはじめての例であった。神経系疾患であり，脳障害を原因とした手足の先の強い感覚障害，言葉のもつれ，聴力障害，平衡感覚の喪失，指先の動作が正確にできなくなるなどの症状が表れる。国はこれらの症状を2つ以上もつものを認定患者としているが，2008年7月末現在，申請者全体の1割に満たない2,268人しか認定を行っていない。妊娠中の母親を通じて胎児にも有機水銀が蓄積して発症した胎児性水俣病患者も出現した。

チッソが有機水銀を垂れ流したのは，1932～68年までで総量27tに達した。1956（昭和31）年5月にチッソ附属病院の院長が原因不明の中枢系疾患が多発していると届け出たのが公式確認と考えられているが，チッソは厚生省が原因を特定する1968（昭和43）年までその因果関係を否定したため，被害が拡大した。企業の社会的責任，行政の安全・健康に対する責任が十分に果たされなかった。

2

日

本

17

この時期の主要な公害発生源としては，鉄鋼，鉱業，各種化学工業と石油化学工業であった。

深刻な被害が集中した原因としては，①生産力向上のみをめざした国家方針，②公害防止技術を伴わない生産力の急増，③公害発生を規制する制度の不備，④被害者への影響が防げない狭くて無理な立地ということなどが指摘されている。

2　その他の公害事件

(a)　浦安事件（1958〔昭和33〕年）　　東京江戸川の本州製紙工場の排水により魚介類が死滅，漁民が放流中止を要請したが無視された。浦安漁協の700人が国会，都庁に陳情した帰途，本州製紙江戸川工場に押しかけ投石を行った。出動した警官隊と衝突し双方に多数の重軽傷者が出た事件であり，1958（昭和33）年のわが国最初の公害立法である水質保全法，工場排水規制法制定の契機となった。

(b)　静岡県田子の浦のヘドロ堆積（1960〔昭和35〕年）　　大昭和製紙をはじめとする大製紙工場が廃液を垂れ流し，沿海部に堆積，漁業に大きな被害を与えた。

(c)　三島・沼津石油コンビナート建設中止（1964〔昭和39〕年）　　富士山の湧き水が生じる良好な環境の中で，住民が学習会を開催し，郷土意識から工場の進出を阻止した最初のものである。

ほかに，宮崎県で起こった土呂久鉱毒病（第5の公害病といわれた砒素鉱毒被害），薬害健康被害としてスモン病，有害食品による健康被害として森永砒素ミルク中毒，PCBによるカネミ油症などの事件も顕在化した。

また，水俣病を疑わせる患者が熊本県不知火海沿岸，徳島湾沿岸に，イタイイタイ病を疑わせる患者が長崎県対馬，兵庫県生野鉱山周辺，群馬県安中地方などで出現した。

3　国の対策

1967（昭和42）年に公害対策基本法が制定され，環境基準や公害防止計画の策定が行われた。翌年大気汚染防止法，騒音規制法も制定され，1969年に政府の施策に関する公害白書が発行された。70年の公害国会では公害関連14法案が

可決され，公害対策基本法の「経済調和条項」*の改正が行われた。一方で，光化学スモッグにより東京都内の高校生が入院する騒ぎが起きた。

1971（昭和46）年，環境庁が設置され，自然環境法に続いて，汚染者負担の原則に基づいた公害健康被害の補償等に関する法律が制定されている。

　　＊　公害対基本法１条２項の「生活環境の保全については，経済との健全な発展との調
　　　和が図られるようにする」との規定。経済発展が優先するとの誤解を与えがちであった。

1-2-6　1970年代後半〜80年代前半

　自動車排気ガス，生活排水，廃棄物の増大による都市・生活型公害が顕在化した時期である。1976（昭和51）年には瀬戸内海で赤潮が大発生し養殖漁業に大きな被害を与えた。

　また，オイルショック後の不況の到来とともに，アジア諸国への公害輸出が問題になった。たとえば，公害問題を起こした亜鉛会社が韓国温山工業団地へ進出し，漁業や健康被害等を発生させた。マレーシアでは日本の製鉄所が鉱山の排水による飲料水汚染を引き起こした。フィリピンレイテ島では，足尾鉱毒事件の古河，イタイイタイ病の三井金属が出資した銅精錬工場で水質，大気汚染が発生している。インドネシアのジャカルタ湾では，100社以上の日本企業により水俣病に似た健康被害が発生したほか，マレーシアのサラワクでは森林伐採が盛んに行われたが，このうちの70%は日本へ輸出されている。

　生活水準の向上とともに大量生産，大量消費，大量廃棄の時代を迎え，ごみの量も増加した。自動車排気ガス中の窒素酸化物や炭化水素が原因の光化学スモッグも多発し，生活者が加害者でもあり被害者であるという解決困難な環境問題の解決を迫られることとなった。一方で二酸化窒素の環境基準の緩和（1978〔昭和53〕年）が行われるなど対策が後退した印象を国民に与えた。

1-2-7　1980年代後半〜現代

　特定フロンによるオゾン層の破壊，二酸化炭素などの温室効果ガスによる地球温暖化の進行，生物多様性の喪失など，地球環境問題が出現した。リサイクル，自然環境保全，町並み保存，歴史的環境保全などの住民の運動が急増した。

代表的なものとして，白神山地における林道建設反対，保安林解除反対，世界遺産登録の運動が挙げられる。

　企業も社会的責任を自覚し，環境マネジメントシステム・ISO14001の認証取得，環境報告書の発行，環境会計など，環境対策に取り組みだした。一方で，悪質な業者による大規模な不法投棄事件が発生した。豊島事件（1990年投棄行為終了），青森・岩手県境事件（1999年発覚），岐阜県椿洞事件（2004年調査）などが挙げられる。

　1992（平成4）年6月の環境と開発に関する国連会議（UNCED：リオ・サミット）を契機に，環境問題に対する国民の関心が急速に高まった。1993年には，環境基本法が制定され，翌年，環境施策を総合的かつ計画的に推進するための環境基本計画が閣議決定により策定された（その後，2000〔平成12〕年に第2次，2006年に第3次の計画が策定されている）。また，1970年代からの懸案であった環境影響評価法が1997年に策定された。

　1997年12月の気候変動枠組条約第3回締約国会議（地球温暖化防止京都会議：UNFCCC-COP3）で，先進国の温室効果ガス削減目標を定める京都議定書が採択された。これを受け，翌年，地球温暖化対策推進法が制定された。2000年に3R（Reduce, Reuse, Recycle）の推進などを基本的考え方とする循環型社会形成推進基本法が制定され，2001年に環境省が発足している。

　2002年12月，持続可能な開発に関する世界首脳会議（WSSD）がヨハネスブルグで開催され，貧困と環境破壊の悪循環の解決など幅広いテーマが議論された。日本からは，小泉純一郎首相（当時）が出席し，約束文書においてネリカ米の普及など，主としてアジア，アフリカ諸国に対する支援プロジェクトを提案している。

　2005（平成17）年2月，京都議定書が発効した。2009年9月に誕生した民主党の鳩山由紀夫内閣は，2020年に温室効果ガスを1990年比25％削減するとの意欲的な数値目標を設定した。

　2011年3月11日，三陸沖を震源とするマグニチュード9.0の巨大地震・東北地方太平洋沖地震が発生，直後に襲った巨大津波により甚大な被害を招来した。とりわけ，東京電力福島第一原子力発電所の原子炉では，津波，地震により冷

却機能を喪失し，炉心溶融，水素爆発により大量の放射性物質が環境中に放出される事故が発生し，20km圏内の周辺住民に避難指示が出された。この事故を契機に原子力発電所に対する安全性への信頼が揺らぐこととなった。

　2011年8月，再生可能エネルギーの固定価格買取制度の法案が成立し，2012年7月から実施された。

　2013年11月，政府は2020年度に2005年度比3.8％削減の温室効果ガス削減目標を決定したが，COP21に向けて国の電源構成を再検討した結果，2015年7月，2030年度に天然ガス27％，石炭26％，再生可能エネルギー22-24％，原子力20-22％などとする方針を決定した。これについては，二酸化炭素排出量の多い石炭火力発電のウエイトが高いこと，安全性に問題のある原子力発電の多くを再稼働させることなどについて批判があった。しかし，政府はこれに基づき，2030年度に2013年度比26％削減（1990年度比18％削減，2005年度比25.4％削減）との温室効果ガス削減目標を決定し，これをCOP21に向けた国の約束草案とした。温室効果ガスは，2015年度には2013年度比−6.0％と省エネの進展により減少している。2016年4月から電気の小売り自由化が始まったが，業者間の競争により価格の安い石炭火力発電が増えることが予想され，削減目標の達成を危ぶむ声もある。

第2章 環境問題発生のメカニズム

2-1 大気汚染

　空気は，窒素78.09％，酸素20.95％，アルゴン0.93％，これら３つの要素だけで99.9％を占めている。その他の微量成分はわずか0.1％にすぎないが，その微量成分である二酸化炭素や二酸化硫黄，窒素酸化物などが増加している。大気汚染とは，通常大気中に存在しないか，ごく微量しか存在しない物質であるが，種々の活動において大気中に放出され，その濃度と持続時間が人の健康や生活環境および自然生態系に影響を与える状態をいう。

2-1-1　発生の仕組み

　大気汚染の発生源には，産業や交通等の人間活動に伴って排出される有害物質が，地域あるいは広範囲に空気を汚染する人為起源によるものと，火山噴火や砂嵐・黄砂などの自然現象による自然起源によるものとに大きく分けられる。人為的な汚染としては密閉された室内でも煙草の煙やダストやカビ，絨毯や壁などの接着剤や殺虫剤などによるシックハウス症候群などが健康上問題となっている。

　大気汚染物質の発生源によりその現象は異なり，空間的規模で拡散する。いずれも人間活動に伴い排出されることにより発生している問題で，自動車排ガスの局所的な汚染によるものから，影響が広範囲にわたる酸性雨のほかに，現代では温室効果ガスの増加で地球温暖化を引き起こしたり，フロン類の増加でオゾン層を破壊する全球規模の汚染がある。

　大気汚染物質とは，窒素酸化物（NOx），硫黄酸化物（SOx）や浮遊粒子状物質（SPM），二酸化炭素（CO_2）を指し，これらの物質は地球温暖化をはじめ，

図表2－1－①　主な大気汚染物質の種類と特徴

大気汚染物質	発生源（原因）	特　徴
二酸化窒素（NO$_2$）	ボイラーや自動車など	燃焼時に一酸化窒素として排出，空気中で二酸化窒素に酸化。 酸性雨の原因となる。
浮遊粒子状物質（SPM）	① 工場のばい煙や自動車の排ガスの人為的な原因 ② 火山や森林火災などといった自然による原因	主に人体の健康に害をもたらす。 呼吸器系が弱い場合死亡率の上昇などにつながる。
光化学オキシダント（Ox）	自動車や工場等で排出された窒素酸化物や炭化水素類など	太陽の紫外線により化学変化を起こし，人体に悪影響を及ぼす。 高濃度では，呼吸器系に影響を及ぼす恐れがあり，農作物にも影響を与える。90％以上がオゾンである。
二酸化硫黄（SO$_2$）	石炭や石油の燃焼	卵の腐ったような鼻を刺激するにおい。 四日市ぜんそくは，この二酸化硫黄による汚染が原因。
一酸化炭素（CO）	石油の不完全燃焼	無味・無臭・無色・無刺激な物質。 大変怖い物質で致死量を吸い込めば死亡する。

酸性雨，光化学スモッグなどの原因ともなっており，気象条件や地域によってしばしば高濃度汚染が観測される。図表2－1－①に主な大気汚染物質の特徴を示す。

　人間の健康，植物または動物にとって有害な特性を有する有害大気汚染物質はほかにもある。有害大気汚染物質は，①金属および半金属（水銀など），②吸入されうる鉱物繊維（グラスファイバーなど），③無機物の気体（フッ素など），④非ハロゲン化有機化合物（ベンゼン，多環芳香族など），⑤ハロゲン化有機化合物（塩化ビニル，ダイオキシン類など）に大別される。一般に大気中濃度が微量で急性影響はみられないものの，長期的に暴露されると健康影響が心配される物質である。

　わが国では，大気汚染が人の健康，生活環境，自然環境，建築物，文化財などに被害を及ぼすことから，環境基本法で人の健康を保護するために1991（平

成3）年に環境基準が定められた（→巻末：**資料8**，**資料9**）。1997年2月に有害大気汚染物質としてベンゼン，トリクロロエチレンおよびテトラクロロエチレンの3物質，2001年4月にはジクロロメタンの環境基準が追加された。また，大気環境中のダイオキシン類（ポリ塩化ジベンゾ―パラ―ジオキシン，ポリ塩化ジベンゾフラン）については，1997年9月に大気環境指針値（0.8pg-TEQ*／m³以下）が定められたが，2000年1月に施行されたダイオキシン類対策特別措置法によりコプラナーポリ塩化ビフェニル（コプラナーPCB）を含めて，大気環境基準（0.6pg-TEQ／m³以下）が定められた。2003年度から，アクリロニトリル，塩化ビニルモノマー，水銀，ニッケル化合物についても，環境中の有害大気汚染物質による健康リスクの低減を図るための指針が設けられている。

* TEQとはダイオキシン類の中で最も毒性の強い物質に換算して合計した毒性等量の単位。

2-1-2　季節による顕著な大気汚染問題

1　夏

光化学スモッグは，高温で強い日差し，風が弱い気象条件がそろうと，窒素酸化物（NOx）や炭化水素（CH）が光化学反応し，オキシダント（Ox）が生成され発生し，白いモヤがかかったような状態になり，のどや目の痛み，めまい，吐き気，頭痛などの症状が現れる。特に東京や大阪の都市圏や工業地域では現在でも注意報が出ることもある。発生期間は4～10月と長く，特に強い日差しが連日続く，暑くなる夏を中心に発生頻度が増える。このため春から夏にかけて，日本あるいはアジア全域では，中国から大気汚染の影響を受けやすい季節でもある。

2　冬

大気汚染物質が地表付近にドーム状に閉じ込められ停滞する現象をダストドームと呼ぶ。風が弱い夜間に郊外で接地逆転層が形成されると冷たい空気層がふたをした状態となり，郊外よりも気温が高い都市内部にヒートアイランド循環が発生し，高濃度汚染になり，気管支炎やぜんそくなどの症状が現れる。

2-1-3　わが国の大気汚染問題の変遷

　日本の大気汚染問題は，明治時代から始まっており，足尾銅山の銅の精錬と
その精錬所の排煙に含まれる二酸化硫黄と粉じんによる土壌の重金属汚染が原
因で，付近の山の木々が枯れた。ほかにも鉱山や金属精錬所の排煙による煙害
が各地で発生した。その後，大正から昭和にかけて大阪市は煙の都と呼ばれる
ほど深刻であった。第二次世界大戦後，急激な経済成長を遂げ，同時に深刻な
大気汚染を経験することになり，東京を中心とする多くの地域で工場の排煙に
よる大気汚染が進んだ。日本中が大気汚染問題に脚光を浴びるようになった昭
和30～40年代（高度経済成長期）は，日本各地に石油コンビナートが立地し，大
きな煙突群からもくもくと黒い煙が立ち上り，スモッグが空を覆った。その排
煙による四日市ぜんそくや川崎ぜんそくに代表される健康被害が大きな社会問
題となった。（→1-2-2～1-2-5参照）急速な工業化に伴い硫黄酸化物やばいじ
んを中心とした産業型大気汚染が深刻化したが，その一方，国や自治体の取組
みで企業による脱硫・脱硝技術の開発が進み，二酸化硫黄や一酸化炭素濃度は
劇的に改善された。昭和50年代以降も，自動車や工場などから排出される窒素
酸化物，光化学オキシダントや浮遊粒子状物質など都市生活型の大気汚染が深
刻化していき，1985（昭和60）年以降も環境基準達成状況は悪く，1998（平成
10）年までは低い水準であった。近年大気汚染は改善され，空の色が以前に比
べればよくなったが，大気汚染は依然全球規模で発生しており，国を越えて移
動する汚染問題が注目されている。

　また，近年は種々の揮発性有機塩素化合物や，ダイオキシン，石綿（アスベ
スト）などの新たな物質が問題となっている。石綿は耐熱性等に優れているた
め建築物などの多くの製品に使用されてきたが，発がん性等の健康影響がある
ため，種類によっては，製造・使用が禁止されている。

2-1-4　わが国の硫黄酸化物・窒素酸化物の濃度の推移

　代表的な大気汚染物質である二酸化硫黄の汚染状況の推移（**図表2-1-②**）
をみると，大気汚染防止法制定以来，工場や事業所における省エネ，脱硝・脱
硫装置の設置および燃料の低硫黄化等が進み，硫黄酸化物等の大気汚染物質の

図表2-1-②　わが国における二酸化硫黄濃度（一般局・自排局）の年平均推移

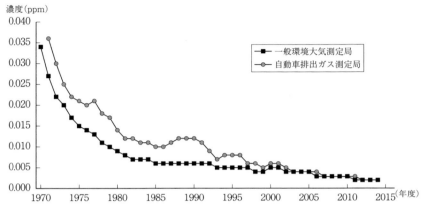

注1）　一般局：一般環境大気測定局（一般環境大気の汚染状況を常時監視する測定局）。
注2）　自排局：自動車排出ガス測定局（自動車走行による排出物質に起因する大気汚染が考えられる交差点，道路および道路端付近の大気を対象にした汚染状況を常時監視する測定局）。
出典：環境省「平成26年度大気汚染状況について」より作成。

　排出量は着実に削減され，一般局および自排局の二酸化硫黄濃度は2007年以降0.003ppm以下である。近年，特に，一般局・自排局共に改善傾向で0.002ppmで推移している。図表2-1-③で「自動車NOx・PM法」（→3-5-2参照）の対策地域を有する都府県の環境基準の達成状況をみると，二酸化窒素と浮遊粒子状物質では1998年までは自排局で非常に低い水準であったが，近年次第に測定局で環境基準の達成率が上がり，浮遊粒子状物質の達成状況は，一般局，自排局ともほぼ100％である。二酸化窒素の達成状況は，2004年度以降は一般局で100％，2015年度以降の自排局では99.5％を超え，2012年度は99％とほとんどの地点で，浮遊粒子状物質も一般局で100％，自排局で99.5％と環境基準は達成できたものの，今後も窒素酸化物や浮遊粒子状物質による汚染は排出源が多様で，自動車，船舶，航空機などの移動発生源に大きく寄与しているため残された課題である。
　都市・生活型大気汚染は，産業型の汚染に比べ影響が顕在化しにくく，慢性的な汚染が続く傾向がある。産業型の大気汚染は，原因者と被害者が明確であ

図表2-1-③　NOx・PM法の対策地域における環境基準達成状況の推移
（自排局）（1992年度～2015年度）

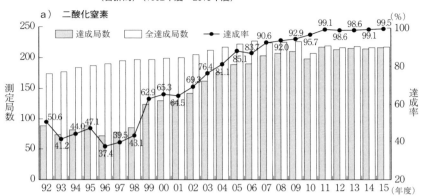

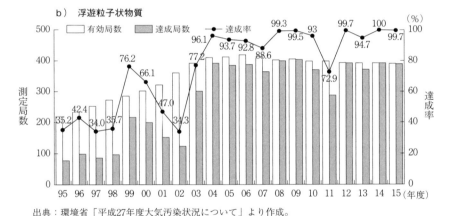

出典：環境省「平成27年度大気汚染状況について」より作成。

るが，都市・生活型の大気汚染は原因者と被害者が同じあるため，改善するためにはライフスタイルを変える必要がある。

2-1-5　世界の大気汚染状況

　近年，アジア地域を含む開発途上国においてもエネルギー使用の増加に伴う大気汚染が深刻な問題となっている。WHO（2017）によると，世界の人口の92％がWHOの環境基準を超す汚染された大気中で生活していて，大気汚染に

図表2-1-④ 東アジア地域の諸都市の大気汚染状況

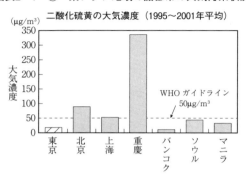

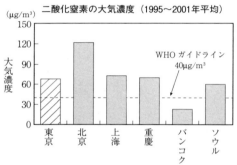

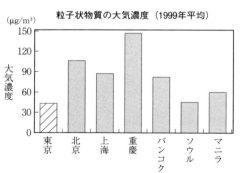

出典：世界銀行（2004）とWHOデータより作成。

よる死亡者は年間約300万人であると発表した。この基準値を超す地域の92％
は，PM2.5に汚染されている地域に集中している。1995年の大気汚染状況では，
二酸化窒素（NO_2）濃度がテヘラン，イスタンブール，モスクワ，北京が高濃
度で，浮遊粒子状物質（PM）は多くの都市で高い濃度を示していた。二酸化
硫黄（SO_2）の大気濃度は，北京，メキシコシティーが最も高く，ニューヨーク，
ロサンゼルス，東京，ソウルでも高濃度であった。その後東京，ニューヨーク
やソウルなどは改善されているが，さらに悪化している都市も少なくない。図
表2-1-④は，東アジア地域の都市における1995～2001年までの二酸化硫黄，
二酸化窒素の平均大気濃度と1999年の浮遊粒子状物質の大気汚染状況を示して
いる。二酸化硫黄と二酸化窒素は人の健康への影響の基準とするWHOガイド
ライン値*が示されており，二酸化硫黄は東京，バンコク，マニラはこの値
（年平均50μg／m^3）を超えていないが上海，北京，重慶はその値を超えている。
この図にはないが貴陽が424μg／m^3で最も汚染度が高い。二酸化窒素はWHO
ガイドライン値が40μg／m^3で，東京もこの値を超えている。浮遊粒子状物質
は2006年にガイドライン値（$PM_{2.5}$：日平均25μg／m^3，年平均10μg／m^3・PM_{10}：日
平均50μg／m^3，年平均20μg／m^3）が設定され，重慶，北京，ジャカルタ，上海の
大気汚染状況は非常に悪い。このことから特に貴陽，重慶や北京などの中国の
大気汚染が顕著である（図表2-1-④）。中国は，世界第1のエネルギー消費大
国であり，世界最大の石炭消費国でありSO_2の排出量は世界一で，しかも増
加を続けている。一方で，火力発電所をはじめとするほとんどの設備は脱硫装
置を設置しながらも稼働状況は悪く，環境対策も遅れている。また，自動車保
有台数の急激な増加に伴い，都市近郊でのNOxによる汚染も深刻になってい
る。このような環境汚染は中国各地で大気環境の悪化と深刻な酸性雨汚染をも
たらしており，中国の発展，特に都市の経済と社会の発展にとって重大な障害
になりうる。今後，経済が発展していく中で大気中の汚染物質は量が増えるだ
けでなく質を変え，生活環境への影響を与えることになるであろう。

 ＊ WHOガイドライン値：人の健康に悪影響を及ぼすおそれのある物質の世界各国を
  対象とした環境基準の参考値。

Topic ⑧ 黄 砂

中央アジアや東アジアの広い範囲に分布する黄砂の主な発生地は，タクラマカン砂漠（中国西部），ゴビ砂漠（中国北部・モンゴル南部），黄土高原（中国中央部）であるとされているが，近年は砂漠化面積が増えたほか，地球温暖化により，多くの乾燥地帯も発生源となっていると考えられている。

黄砂の化学組成は，石英，長石，雲母，緑泥石，カオリナイト，方解石（炭酸カルシウム），石膏（硫酸カルシウム），硫酸アンモニウムなどからなる。中でも炭酸カルシウムを10％前後含んでいるため，酸性雨の中和成分として作用する。黄砂の成分であるリンや鉄などが，海洋のプランクトンや，ハワイの森林の生育に関わっているとされている。

近年わが国の黄砂中に平均値より高濃度を記録する，ヒ素が22倍，マンガンが13倍，クロムが7倍，ニッケルが3倍見つかっているほか，大気中のダイオキシン類の濃度が高いこともわかっている。黄砂の飛来時には大気の成分が通常とは異なることが多い。黄砂の影響として，ビニールハウスに飛来することによる遮光障害や飛行機，車などの速度規制のほか，呼吸器系疾患やアレルギー疾患などの健康被害が挙げられる。さらに近年では，黄砂の量が多いと山岳地帯の積雪の融雪を早めている。

Topic ⑨ 光化学オキシダント（スモッグ）の注意報の基準

光化学スモッグは，大気汚染が深刻化していた昭和中期のころに頻発し，健康被害も報告された。ところが近年再び警報が発令される日が現れはじめる。1968（昭和43）年に制定された大気汚染防止法第23条に基づき，光化学オキシダント濃度が高くなり，人体や生活環境への被害が生ずるおそれがある場合に光化学スモッグ注意報等を発令し，緊急時の措置を講じている。

光化学スモッグ注意報の発令基準

予　　報	オキシダント濃度が注意等発令基準値に近く，その状態がさらに悪化すると予想されるとき
注 意 報	オキシダント濃度が0.12ppm 以上の状態が継続されると判断されるとき
警　　報	オキシダント濃度が0.24ppm 以上の状態が継続されると判断されるとき
重大警報	オキシダント濃度が0.40ppm 以上の状態が継続されると判断されるとき

2-1-6　越境大気汚染

　大気汚染物質が近隣諸国から偏西風にのって運ばれて移動してくることを越境大気汚染と呼ぶ。典型的なものに中国大陸からの酸性雨，黄砂（→**Topic⑧**）や光化学スモッグ（→**Topic⑨**）がある。2000年以降中国の大気汚染物質の移流が確認されており，2007年には九州地方や新潟県などで発生した光化学スモッグの原因とされている。黄砂が偏西風にのって日本に飛来する様子は気象衛星からも確認できる。これと同様に，目に見えない大気汚染物質が風によって輸送・拡散されることから，他国での環境問題を引き起こすことがあり，国際問題となっている。

2-1-7　騒音・振動・悪臭問題

　騒音，振動，悪臭は「感覚公害」といわれ，物的被害はほとんどなく，多くは心理的，精神的な影響が主体で，その影響範囲も発生源の近隣地域となっている（→**3-5-4**参照）。特に騒音については，工場騒音からピアノ，ペットなどの近隣騒音まで，悪臭については工場・事業場から家庭生活までその発生源も多種多様である。

　わが国における2015年度の苦情件数は，騒音に係るものが1万6,490件，振動に係るものが3,011件，悪臭に係るものが1万2,959件であり，2003年度の4万3,123件をピークにやや減少している。発生源の内訳は，騒音では，建設作業によるものが34％と最も多く，次いで工場・事業場が30％，営業が10％となっている。振動では，建設作業によるものが64％と最も多く，次いで工場・事業場が19％，道路交通が7％となっている。悪臭では，野外焼却が26％と最も多く，次いで，サービス業・その他が16％，個人住宅やアパート・療が12％となっている。いずれも大都市のある都道府県で件数が多い。

2-2 水 環 境

　水は生命の源で，私たちの生活の中で多くの水を使用しているだけでなく，地球上のあらゆる生物にも欠かすことのできないものである。太陽系の惑星で水があるのは地球だけ，この水のお陰で人類を含めたすべての生物が誕生し，生息し続けてくることができた。この地球上の水は太陽熱によって蒸発され，降雨となり地上に降り注ぐ水循環を行っており，この水循環サイクルの周期は10日くらいで，河川には絶えず新鮮な水が降雨となって供給され，水が絶えることはない。地下水は降雨の一部が地下に浸透するものと，地殻から湧き出すものがあり，移動速度は河川水に比べると1日当たり数cm〜数mと非常に遅いことが特徴である。

　ところが近年，人間活動により河川・湖沼流域や沿岸域の開発が進むにつれて水循環も健全なサイクルでなくなり，水域に変化が生じ，適応できない生物に種の減少や絶滅が起こっている。また，地球温暖化により干ばつや豪雨などの異常気象が起こると健全な水循環バランスが崩れ，水資源への影響が現れやすくなっている。最近では，世界各地で干ばつや集中豪雨，洪水などの異常気象の規模が大きくなり，頻繁に発生している。現在の水環境の状況を正しく認識し，水は限りない資源ではなく，限りある貴重な資源であることを認識し，ライフスタイルを見直し，回復させなくてはならない。

2-2-1　わが国の水資源と用途

　地球上に大量にある水のうち，私たちが生活に利用できる水は淡水で，わずか0.04%程度である。日本の年間の平均降水量は約1,718mmで，総降水量は6,500億m^3で，その約1/3が蒸発している。日本の水資源としての年間使用量は約835億m^3（降水量の約13%）であり，この内訳は，河川・湖沼・ダム水の表流水が87%，地下水が13%である。

　私たちが利用できる水は，河川法で水利権として決められており，用途別で

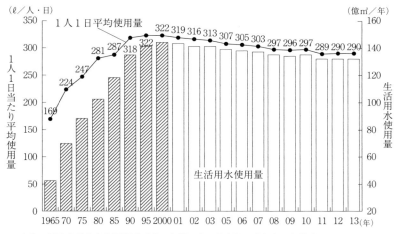

図表2-2-① わが国の生活用水使用量の推移

出典：国土交通省水資源部「平成28年版日本の水資源の現況」より作成。

みると農業用水が約66％，生活用水約19％，工業用水が約15％である。これ以外にも，水力発電，消雪・流雪や魚の養殖，舟運，レクリエーションなどにも利用され，資源が乏しいわが国では貴重な資源である。生活用水には，飲用，炊事・洗濯，入浴，水洗トイレなどの家庭用水と，学校，事務所，病院，デパート，ホテルなどの都市活動用水とに分けられる。1人の1日の生活用水の使用量は近年減少傾向であるが，水洗便所の普及などの生活様式が変化したことに伴って，1965年から2000年にかけて約2倍増加した。使用量のピークは1997年頃が324ℓであり，その後緩やかな減少傾向を示し2012・2013年は290ℓ／人・日である。地域別にみると，四国が317ℓ／人・日が最高で，北九州の257ℓ／人・日が最低であるが，近年地域差は小さくなっている（図表2-2-①）。しかし，現在でも農業用水の水利権比率が高く，生活用水として利用できる量は増やすことができないため，繰り返し利用するしかない。2000年以降は工業用水の使用量とともに一般家庭の1カ月間の使用量は地域や住宅様式，世帯人数によって異なるが，気象条件によっても異なる。1人当たりの使用量の内訳は，炊事17％，洗濯15％，トイレ22％，風呂40％，その他洗面など6％で，飲料としては2ℓ程度が使用されている。ライフスタイルの変化により，洗濯に

使用する割合が減り，風呂やトイレに使用する割合が増えている。

　毎日使用している水は，最近は少雨傾向が続き，渇水になると，水道用水では断水や減圧給水によって，食事の用意ができない，水洗トイレが使えないなど家庭生活や社会活動に大きな影響を及ぼしかねない。また，工業用水では工場の操業短縮や停止，農業用水では農作物の生育不良や枯死が起こるなど経済社会活動に大きな被害が生じる。

　さらに，地球温暖化や都市のヒートアイランド現象などの影響が増大すると，今後の水の需要が逼迫し，良好な水質の水道水を確保することが難しくなることも予測され，水循環に配慮し，節水に心がけたライフスタイルに変えていかなければならない。

2-2-2　公共用水域（河川，湖沼，内湾，内海，海域）の水質

　2014年度環境省の全国公共用水域水質測定結果によると，カドミウム等の人の健康の保護に関する環境基準の達成率は99.1％と高いが，生活環境の保全に関する環境基準項目であり，有機物の量を示す代表的な水質汚濁指標であるBOD（またはCOD）の環境基準の2010年度の達成率は90％以上で，1975年以降30％以上改善されたものの，まだ環境基準を達成してない水域もある。水域別の2014年度の達成率では，河川（BOD）が93.9％，湖沼（COD）が55.6％，海域（COD）が79.1％と，特に閉鎖性水域の湖沼，内湾，内海等が依然として達成率が低い。琵琶湖や霞ヶ浦などの湖沼のCODの達成率が悪いのは，生活排水の影響を受けているためである。2014年度の海域の水質改善状況は停滞気味で，CODの達成率は，東京湾は100％，伊勢湾は50％，大阪湾100％，瀬戸内海は77.2％となっている。海域が河川に比べて継続的に達成率が低いのは，内湾は半閉鎖性水域であるためである。このため，湖沼については，湖沼水質保全特別措置法が改正され，これにより農地，市街地等からの汚濁負荷削減対策を推進する流出水対策地区制度，水質浄化機能をもつ植生を保護する湖辺環境保護地区制度等の新たな措置が講じられている（→**3-5-3·2**参照）。閉鎖性水域等における環境基準達成改善のための生活排水対策として，汚水処理施設，下水道，浄化槽および農業集落排水施設の整備が進み，2010年度までの10年間の

図表2-2-② 日本の汚水処理人口普及率の推移

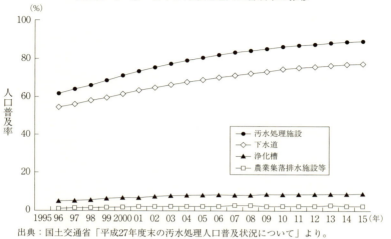

出典：国土交通省「平成27年度末の汚水処理人口普及状況について」より。

普及率は，汚水処理施設は19.1％，下水道24.6％，浄化槽2.9％および農業集落排水施設1.2％それぞれ上昇し，2015年度の普及率は，汚水処理施設は89.8％と1996年度に比べ28％も上がり，内訳では下水道77.9％，浄化槽9.1％，農業集落排水施設等2.8％で，特に汚水処理施設と下水道の普及が進んでいる（図表2-2-②）が，未だ1,300万人が利用できていないため，さらに改善させるための汚水処理対策が必要である。

2-2-3　環境基準が設けられている水質

　公共用水域の水質汚濁に係る環境基準は，人の健康の保護および生活環境の保全に関し，河川，湖沼，海洋などで代表的な物質の基準が「水質汚濁防止法」により基準値が規定されている（→3-5-3・1参照）。人の健康の保護に関する環境基準は，巻末の資料2に示すように全公共水域において，水道法に基づく水質基準や，特定事業者からの公共用水域への排出水について許容限度が定められている。汚れた水を排水すると環境水中で10倍以上に薄まることを前提として，環境基準が達成できるように定められている。生活環境の保全に関する環境基準は，巻末の資料4～6に示すように各公共用水域においてこの値を

達成しなければならない。この値を超える測定結果が出た場合は速やかに水質改善策を講じることとなっている。

水質汚濁にかかる環境基準のうち、生活環境項目の基本的な水質項目を以下に挙げる。

①pH：pHは水の酸性度、塩基性度を表す指数。淡水のpHは通常7前後の中性で、主に水中の炭酸塩や水温によって支配される。植物プランクトンなどが光合成により水中の二酸化炭素を消費すると、アルカリ性側に傾き、底層はプランクトンの遺骸の分解に伴い二酸化炭素や有機酸が生成されるために酸性側に傾く。強い酸性やアルカリ性の水中では普通の微生物は活動しない。最も生物が生息しやすい河川のpHは6.7〜7.5、海域ではpH7.8〜8.4であることから基準値が定められている。

②BOD（生物化学的酸素要求量）：Biochemical Oxygen Demandの略で、河川水中の微生物が分解する有機物の指数。有機物が微生物によって分解される際に消費する酸素の量で表す。河川のBODの値が1mg／ℓ以下であれば人為汚染のない河川である。生物の成育環境条件は、イワナ、ヤマメなどの清流に棲む魚はBOD 2mg／ℓ以下、サケ、マス、アユなどはBOD 3mg／ℓ以下、最も汚染に強いコイ、フナ類などはBOD 5mg／ℓ以下であることを根拠に基準値が定められている。

③COD（化学的酸素要求量）：Chemical Oxygen Demandの略で、水中の被酸化性物質（主として有機物）を、過マンガン酸カリウムまたは重クロム酸カリウムなどの酸化剤で酸化する際に消費される酸化剤の量を酸素量に換算したもので、湖沼や海洋の有機物汚染指数に用いられる。人為汚染のない水域のCODはおおむね1mg／ℓ以下である。水産養殖には、3mg／ℓ以下、コイ、フナ類などは、5mg／ℓ以下、農業用水では溶存酸素の不足による根腐れ病などの障害が発生することから、6mg／ℓ以下が望ましいとされている。

④DO（溶存酸素量）：Dissolved Oxygenの略で、水中に溶存している酸素濃度を表す。酸素の溶存量は水温、気圧、塩分などに影響されるが、DOは、水が清澄なほどその条件における飽和量に近い量が含まれる。水温が低い方がDO濃度は高くなるが、25℃で8mg／ℓ程度である。魚類をはじめとする水生

生物には不可欠なものである。人為汚染のない河川の DO は7.5mg／ℓ 以上で，魚介類が生存するためには3mg／ℓ 以上が必要で，良好な状態を保つためには5mg／ℓ 以上が望ましい。好気性微生物が活発に活動するためには2mg／ℓ 以上が必要で，それ以下になると嫌気性分解が起こり，硫化水素やメルカプタンなどの悪臭物質が発生したりする。農業用水では5mg／ℓ 以下になると根腐れ病などの障害が発生する。海水では塩分濃度が高いため，河川や湖沼に比べいくぶん低い値を示す。

　⑤SS（浮遊物質量）：Suspended Solids の略で，セストンなどともいう。にごりの原因となる浮遊物質量を表す指数。粘土鉱物に由来する微粒子や，動植物プランクトンおよびその死骸，下水，工場排水などに由来する有機物や金属の沈殿物が含まれる。SS が多いと透明度が下がり，水中の植物の光合成を阻害したり，底生生物を埋没させ死亡・枯死させたりする。通常の河川の SS は25〜100mg／ℓ 以下であるが，降雨時や造成工事に伴う流出濁水ではこの値は急激に上昇する。湖沼は一般に15mg／ℓ 以下程度，貧栄養湖では1mg／ℓ 以下であり，農業用水としては100mg／ℓ 以下，生産用水としては河川については25mg／ℓ 以下，湖沼についてはサケ，マス，アユなどには1.4mg／ℓ 以下，コイ，フナなどには3mg／ℓ 以下が適当とされている。

　⑥大腸菌群数：大腸菌群は一般に人畜の腸管内に常時生息し，健康な人間の糞便1g 中に10〜100億存在するといわれている。このため微量のし尿によっても汚染される。水中に許容される大腸菌群数は利用目的により異なる。水道水質では検出されないこと，水産用水では100個／100mℓ 以下，生食用カキ養殖場は70個／100mℓ 以下，水浴場では1000個／100mℓ 以下であることなどが環境基準値で定められている。水道原水に大腸菌が生存していた場合，塩素で消毒できる大腸菌群数の安全限界値は50個／100mℓ 以下である。

　⑦全窒素：アンモニア性窒素，亜硝酸性窒素，硝酸性窒素の無機態窒素と有機態窒素の総量で，水域では全窒素が0.2mg／ℓ 以上だと富栄養化の原因となる。富栄養化による藻類の異常繁殖による障害を防止する目的から湖沼と海域について全窒素の基準値が定められている（→巻末：**資料7**参照）。

　アンモニア性窒素は生活排水などが流入する河川で検出されるが，水質の良

好な河川上流域や湧水，地下水ではほとんど検出されない。硝酸性窒素は窒素化合物が生物活動などで完全に酸化された安定化した形態であり，アンモニア性窒素から亜硝酸窒素を経て生成される。人為活動による生活排水の地下浸透や窒素肥料の散布によって，地下水中の硝酸性窒素濃度が上昇する。

　⑧全リン：水中に存在する無機態リン化合物と有機態リン化合物の総量で表す。水域では全リン0.02mg／ℓ以上になると窒素とともに富栄養化の原因となる。湖沼と海域の全リンの基準値は，巻末の**資料7**を参照。

2-2-4　地 下 水

　地下水は，古くから身近に利用できる水源で，四季を通して水温変化も小さく飲み水としてもおいしいなど優れた性質をもち，わが国にとって重要な水資源である。ところが，地下水を過剰に汲み上げることによって地盤沈下や地下水の塩水化などの環境問題を引き起こす。わが国では戦後，産業の発展や雪国の消雪・流雪などに伴い地下水の使用量が増加し，全国各地で適正な使用量を超える汲み上げがされたために環境問題となった。

　地下水汚染については，国および地方公共団体によって地下水質の測定が行われており，環境基準が超過している地下水がある。硝酸性窒素および亜硝酸性窒素は比較的超過率が高い値で推移している。テトラクロロエチレン，トリクロロエチレンは1989年度以降減少傾向がみられたが，1998年度以降は横ばいである。砒素やフッ素も最近の数年は横ばいである。2015年度に実施された全国3,360本の井戸の地下水質の概況調査では，そのうち195本の井戸の地下水が環境基準を超える項目がみられ，全体の環境基準超過率は5.8％であった。その中でも硝酸性窒素および亜硝酸性窒素が多く，3.5％の井戸が環境基準を超過していた。次いで砒素が2.2％，フッ素が0.6％，ほう素が0.2％，鉛が0.1％，テトラクロロエチレン－0.2％，トリクロロエチレン－0.2％，の順であった。また，汚染が確認されるとその後継続的に定期モニタリング調査が行われるが，その結果では，硝酸性窒素および亜硝酸性窒素は1999年度以降も急増しており，2015年度は最も多い本数となった。テトラクロロエチレン，トリクロロエチレンは2004～2007年度がピークで，その後長期的には減少傾向である。砒素，ほ

う素，フッ素は1999年以降ゆるやかな増加傾向を示している。主に自然的要因によるものである。さらに，汚染が判明している項目や汚染の可能性の高い項目に限定して調査される汚染井戸周辺地区調査がある。この調査では硝酸性窒素および亜硝酸性窒素，砒素，フッ素は汚染が広範囲に及ぶ傾向があることが判明している。地下水汚染の原因の多くは施肥，家畜排せつ物，生活排水による窒素負荷が主であるが，2011年3月の東日本大震災における福島原発事故による放射能による汚染も加え，メロンやお茶栽培なども水質汚濁をもたらすとともに，生活排水などが考えられ，汚染原因は多岐にわたり，また，広範囲に及ぶ場合が多い。近年の地下水の調査結果からはあまり水質改善されているとはいえない。

2-2-5　海域の汚染

　海の面積は地球の表面積の7割を占める。人間はこの広い海に不要物を流したり埋めたりして利用してきた。海洋の汚染の原因は，①陸からの汚染，②海底資源探査や沿岸域の開発などの活動による生態系の破壊や汚染物質の海への流入など，③投棄による汚染，④船舶からの汚染，⑤大気を通じての汚染などに分類される。さらにタンカー事故や戦争も大きな原因となっている。海上に

Topic ⑩　赤潮・青潮

　赤潮も青潮も，東京湾や瀬戸内海などの閉鎖性水域において，外海との水の交換が悪いと流入河川から流れてくる汚濁物質が溜まりやすく，富栄養化しやすい海域で発生する。

　赤潮は，プランクトンが大量に発生して，湖水や海水が黄色から赤茶色など様々な色に変化する現象で，動植物プランクトンや魚類の生態系が破壊される。原因は家庭や工場，下水処理場からの廃水が流入し，海水中の窒素やリンなどの栄養塩類が増加すると，赤潮が発生しやすくなる（これを富栄養化という）。

　青潮とは，海面が乳青色または乳白色に変化する現象で，カレイ，スズキなどの魚類が酸素を求めて水面近くに上がってくるようになり，ひどくなると大量に死んでしまう。原因は家庭や工場から排出される有機物や，湾内で生産される有機物（植物プランクトン）が底層に沈んで，そこで有機物を分解する細菌によって分解される。このときに酸素を消費し，底層水中の酸素がなくなる。水温が高くなると，海水は成層を作り混合しにくくなるため，大気からの酸素の供給がなく，ますます酸素がなくなる。

おける汚染は，油や廃棄物，有害液体物質，赤潮・青潮（→**Topic⑩**）などによる汚染で，油汚染が最も多く，次いで廃棄物による汚染の件数が顕著である。

　わが国の海洋汚染の発生件数は，統計をとり始めた1973（昭和48）年以降減少し続け，2000年代には1970年代の1／4の500件前後になり，2011年以降は400件を下回るようになった。主に油汚染が減ったことが減少につながっている。油による海洋汚染の割合は，1970年代の平均80％から1990年代以降には約60％まで低下したが，2015年まで5ケ年では62％を超えている。1970年代に比べると赤潮の発生件数も減少している。2001〜2015年の海洋汚染の発生合計件数（**図表2-9-①**）でみると，2003年が571件と最も多く，2004年には425件と1年で146件減少し，さらに2005年は360件にまで減少したが，2008年に再び555件と油・廃棄物による汚染が急増した。2015年の日本の海域別にみると，油汚染が瀬戸内，日本海沿岸で多く，廃棄物汚染は北海道沿岸で発生件数が多かった。

　海洋環境の保全に関しては，日本では，廃棄物等を船舶等から海洋投棄することを規制するロンドン条約や，船舶等に起因する海洋汚染を防止する「MARPOL73／78条約」等を締結しており，これらに対応した国内措置により海洋汚染の防止に努めているほか，海洋環境の状況の評価・監視のため，水質，底質，水生生物を総合的・系統的に把握するための海洋環境モニタリングが行われている。海洋汚染の発生件数が減少に転じているのは，このような国際条約や海洋汚染防止法に基づく規制の効果を反映している。

　近年，沿岸域に海外からの漂着ごみの汚染が顕在化している。浮遊汚染物質は北緯20度以南や亜寒帯域では少なく，日本周辺海域で多い。しかし，世界の海でも日本周辺海域でも共通していえる最も多いごみは石油化学製品で，なかでも発泡スチロールが最も多く，漁具，ナイロン・ビニル類の順となっている。このような漂着ごみは黒潮流域の南側に多く分布することなどから海流による影響が大きいと考えられる。また日本からの漂着ごみなども黒潮に乗り，ハワイ，アメリカ，カナダ，アラスカなどで確認されている。

2-3 廃棄物（ごみ）問題

　廃棄物（ごみ）とは，占有者が自分で利用したり他人に有償で売却したりできないために不要となった固形状または液状のもの（放射性物質およびこれによって汚染されたものを除く）をいい，廃棄物には一般家庭から排出される一般廃棄物と，工場や事業所などから排出される産業廃棄物に分類される（→**第3章：図表3-7-①参照**）。これらの廃棄物は処理や処分される際に大気汚染や水質汚濁などを引き起こす問題や，処理のために大量の廃棄物を輸送するために大量のエネルギーを消費している問題，また大量の廃棄物は資源を枯渇させている問題を引き起こしている。近年では，資源を枯渇させないために循環型社会づくりで廃棄物のリサイクル化が進んでいる一方，廃棄物を有料化することによって不法投棄が増え，2003年の不法投棄量は，産業廃棄物では74万tと最大を示した後，2015年には16.6万tまで減少した。しかしながら回収・処分にかかる費用はいまだ大きい。また，廃棄物が回収の途中で資源として途上国等に越境移動するケースも増えており，わが国の資源とならないケースも増えている。

2-3-1　わが国の廃棄物（ごみ）の推移

1　一般廃棄物（生活系ごみおよび事業系ごみ）

　2015（平成27）年度の日本のごみの総排出量は約4億t，一般廃棄物は4,398万tと報告されている。一般廃棄物のうち，生活系ごみの排出量が2,854万t，事業系ごみの排出量が1,305万tで，生活系ごみの排出量が約65％を占める。日本のごみ問題は，1954（昭和29）年以降健康面に主眼を置いた政策であったが，1960年代に入り，高度成長期に「使い捨て」社会が浸透して公害問題が社会問題となっていった。**図表2-3-①**に示されているように，一般廃棄物の排出量は1983年～90年度までは急激に増加したため，1991（平成3）年に廃棄物処理法が改正された。しかしそれ以降も，2003年度まで高い水準のまま，やや

図表2−3−①　１人１日当たりの一般廃棄物の総排出量の推移

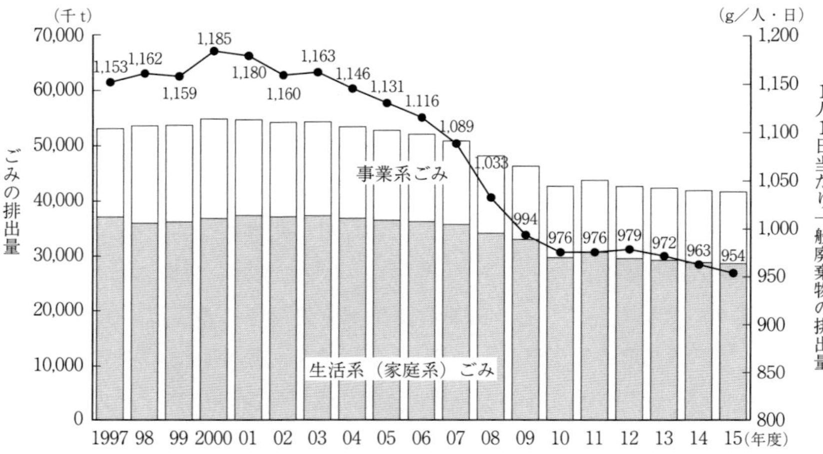

（千t）　　　　　　　　　　　　　　　　　　　　　　　　　　　　　　　　（g／人・日）

ごみの排出量

事業系ごみ

生活系（家庭系）ごみ

１人１日当たり一般廃棄物の排出量

1,153　1,162　1,159　1,185　1,180　1,160　1,163　1,146　1,131　1,116　1,089　1,033　994　976　976　979　972　963　954

1997 98 99 2000 01 02 03 04 05 06 07 08 09 10 11 12 13 14 15（年度）

出典：環境省「日本の廃棄物処理平成27年度版」より作成。

　上昇傾向を示していた。一般廃棄物の年間発生量は，1985年度の4,200万ｔと比べると，2003年度は5,427万ｔと，29％も増えたのである。2003年度までに，1995年に容器包装リサイクル法，1998年には家電リサイクル法，2000年には食品リサイクル法が制定され，リサイクルが推進されているが大きな削減につながらなかった（廃棄物と循環型社会に関する法・制度については→**3−7**参照）。しかし，2003年度以降は年間ごみの排出量は徐々に減少している。１人１日当たりのごみの発生量は，1985年度には951gであったが，次第に増加していき，2000年度には1,185gのピークに達し，1985年度より25％も増えた後，2015年度は954gまで減少した。このごみのリサイクル率は，2015年度でも20.4％とまだ低い。また，ごみの質も変化してきている。

　生活系ごみ（家庭ごみ）の種類には，生ごみ・紙くず・紙などの普通ごみ，乾電池・蛍光管などの有害物，白熱電球・植木鉢などの埋立ごみ，家具類・寝具類の大型ごみ，ペットボトル・紙パック・白色トレイなどのリサイクル容器，ビン・缶・金属類・布・新聞・雑誌・ちらし・段ボールなどで有価物が含まれる。近年，家庭ごみについても処理の有料化を実施する市町村が増加している。

図表2-3-②　産業廃棄物の排出量の推移

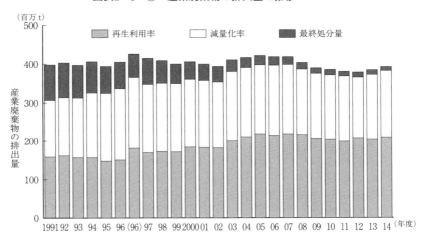

出典：環境省「産業廃棄物の排出及び処理状況等（平成26年度実績）について」より。

これらのごみのすべてを有料化すると，ごみは減量化するとされている。家庭ごみでは厨芥類（調理くず）が湿重量の割合が多く，紙やプラスチック類は乾重量が多い。

2　産業廃棄物

産業廃棄物の2014年度の年間排出量は約3億8,470万tで，一般廃棄物量の約9倍にも及ぶ。前年度よりやや増加している。種類別ではこれまで同様，汚泥が最も多く，2014年度の総排出量の43％を占め，次いで家畜ふん尿21％，がれき類など16％であり，この上位3種類で総排出量の80％以上を占める。業種別でみると，電気・ガス・熱供給・水道業が25.7％，農業20.8％，建設業20.8％，鉄鋼業7.3％，パルプ・紙・紙加工品製造業8.3％，化学工業3.0％の上位6業種で総排出量の約80％を占める。

産業廃棄物の発生量は一般廃棄物と同様，1990年度までは急激に増加したが，それ以降は4億t前後で推移しており，バブル経済の崩壊後はほぼ横ばいとなり，2003～05年度は再び増加したが（図表2-3-②），2014年度には総排出量は前年度より増えたものの減少傾向を示し，中間処理されたものは78％，直接再生利用量されたものは19％，最終処分されたものは1％であった。

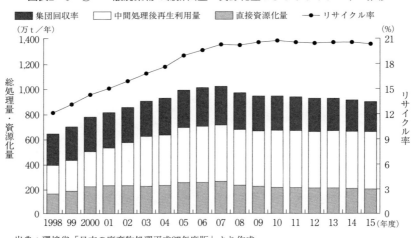

図表2-3-③　一般廃棄物の総排出量・資源化量およびリサイクル率の推移

出典：環境省「日本の廃棄物処理平成27年度版」より作成。

2-3-2　わが国のリサイクル率

　一般廃棄物のリサイクル率は，1990年度以降，リサイクル法の整備に基づき，着実に上昇している。産業廃棄物のリサイクル率は，1990年度～96年度までは，横ばいからやや減少傾向だったが，97年度以降，廃棄物処理法の改正やリサイクル法の制定により着実に上昇している。一般廃棄物のリサイクル率が2010年度に20.8％まで上昇したのは，資源化量が増加しただけではなくごみの総処理量が減少したためである（図表2-3-③）。わが国の2010年度のリサイクル率の目標値は，一般廃棄物で約24％，産業廃棄物で約47％としていたが，すでに産業廃棄物のリサイクル率は達成されている。

　容器包装リサイクル法（→3-7-4・4参照）の施行後10年に当たる2005年にリサイクル法の成果があったかどうかが評価され，①循環型社会構築に寄与した，②市民のリサイクル意識が向上した，③事業者による容器の軽量化やリサイクルしやすい設計・素材選択が進展した，④最終処分量が年々減少し，一般廃棄物の最終処分場の残余年数が改善されている（1995年度：8.5年→2015年度：20.4年）という指摘がなされている。

2-3-3　最終処分場の残余年数の推移

　一般廃棄物の最終処分量は，ごみの総排出量の減少とリサイクル率の上昇で着実に減少している。2015年度の年間の最終処分量は417万 t，1人1日当たりは89g になり，10年前に比べると38％も減少し，総排出量の10％程度が最終処分されていることになる。一般廃棄物の最終処分場の残余容量は1998年度以降，徐々に減少しているが，最終処分量が1億400万 m³まで減少したため，残余年数は2009年の12.8年から2015年には20.4年と増加している。産業廃棄物の最終処分場も一般廃棄物と同様で，1997年度以降徐々に減少したため残余年数は若干増加している。しかし，2015年度の残余容量は約1億8,418万 m³，残余年数はやや増えたものの依然として非常に厳しい状況である。産業廃棄物の再生利用量も着実に上昇しており，2013年度は総排出量の53％まで上昇し，最終処分量は総排出量の3.1％まで減少している。リサイクル率が上がり，最終処分場量が減少することは大気汚染・水質汚濁・土壌汚染などの環境問題を軽減させることになる。

2-3-4　廃棄物（ごみ）の不法投棄件数

　廃棄物の不法投棄は，家電やパソコンなどの一般廃棄物の件数は産業廃棄物より10倍ほど多いが，投棄量では産業廃棄物の方が多い。2015年度の産業廃棄物の不法投棄件数は，143件で，投棄量は16.6万 t と，前年度に比べると件数は減少しているが投棄量は増加している。不法投棄の件数は，1998年度の1,197件をピークに減少傾向を示しており，2009年以降は300件以下で推移している。不法投棄量は2003年度が過去最大で74.5万 t（岐阜市における大規模不法投棄によるものである）もあったが，2005年度は17.2万 t，2009年度には5.7万 t まで減少していたが，2015年度は滋賀県甲賀市や山口県宇部市，岩手県久慈市の大規模な不法投棄により増加した（**図表2-3-④**）。これまで不法投棄されてきた廃棄物の量は多く，残存件数は2014年3月末では2,564件，残存量の合計は1,702万 t にも上る。

　また，近年，廃棄物処理法違反によって警察に検挙される産業廃棄物の不法投棄事犯が2007年までは多かったが，近年は減少傾向である（**図表2-3-⑤**）。

図表2-3-④　産業廃棄物の不法投棄量と不法投棄件数

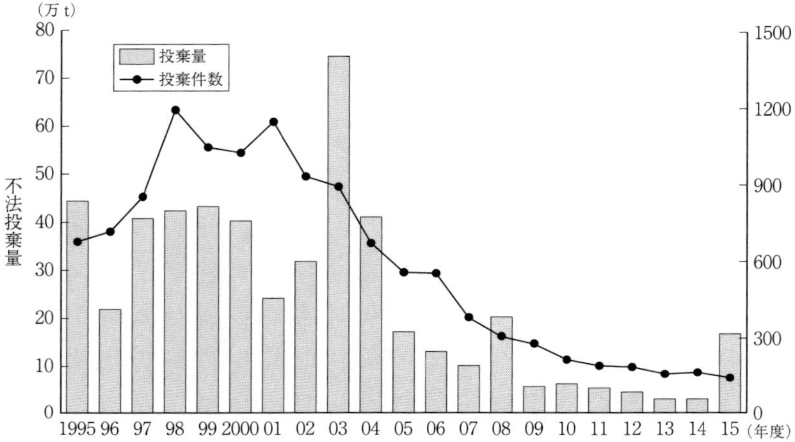

（万t）

出典：環境省（2016）「産業廃棄物の不法投棄状況（平成27年度）について」より作成。

廃棄物処理法違反は不法投棄が50％，焼却禁止が49％で，不法投棄事犯のほとんどが排出事業者によるもので，2015年度の不法投棄事犯の総件数が236件，全体の82％，無許可業者によるものが全体の27％，許可業者が5％であった。不法投棄された廃棄物の種類は，件数では，建設廃棄物（がれき，建設系木くず，建設混合廃棄物など）が70％以上で，廃プラ類が10％程度であった。量でも建設廃棄物が83％，廃プラ類が7％で，ほとんどが建築系廃棄物である。一般廃棄物の件数は5,118件と多く，家庭からの粗大ごみ等の不法投棄が目立っている。産業廃棄物処理法違反の検挙件数は不法投棄が約50％を占めている。ピーク時からみると大幅に減少傾向で，一定の成果はあるが，2015年度でもいまだに悪質な不法投棄が新規に発覚し，後を絶たない状況である。また，不適正処理でも，2015年度は年間261件，総量40.7万トン（5,000トン以上の大規模事案4件，計33.0万トン含む）が新規に発覚しており，いまだ撲滅するには至っていない。このような不法投棄された廃棄物は回収しにくい場所が多く，景観を損ねるだけではなく，飛散，流出，異臭や土壌汚染や水質汚染などを引き起こし，人々の健康問題へと進展する可能性は高い。廃棄物の規制や法律により処理・処分方法が変化し，新たな環境問題を引き起こす結果ともなっている。

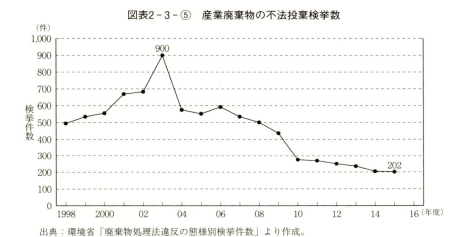

図表2-3-⑤　産業廃棄物の不法投棄検挙数

出典：環境省「廃棄物処理法違反の態様別検挙件数」より作成。

2-4　有害化学物質

　人類がこれまで便利な暮らしを求めて作り出した化学物質の種類は時代とともに増加して，世界で約10万種類に，日本で流通している化学物質は，工業的に生産されているものだけでも数万種に及ぶといわれている。1930～2000年にかけて，世界の人工化学物質の生産量は年間100万tから1億tに膨れ上がった。この中には有害なものも少なくない。人体から検出される人工化学物質の種類も300種類近くに上る。人体への被害だけでなく，大気や海などあらゆる環境へと排出され，風や水の流れにのって遠くまで運ばれたこれらの物質は，鳥やホッキョクグマ，カエル，ワニ，ピューマなどの野生動物に影響を及ぼし，現在，北極や南極の動物の体内からも検出されており，一部の化学物質は人や野生動物に，きわめて深刻な害をもたらすため危険な化学物質の使用と生産の中止が求められている。化学物質の用途は多岐多様にわたり，私たちの日常生活には不可欠なものである。日常生活で使用しているものには，プラスチック製品，化学繊維，塗料，接着剤，化粧品，医薬品，殺虫剤などがあり，工業で原

材料として使用するものには薬品や資材，自動車のガソリンやオイル，農業で使用する肥料や農薬がある。近年ダイオキシン類やPCBなどが大きな問題になるなど，このような化学物質は製造，流通，使用，廃棄の過程で適切な管理が行われないと環境中に排出され，環境中で分解されにくいために残留し，食物連鎖による生物濃縮等により人の健康や生態系に悪影響を与えることが判明している。これらの化学物質が大気，水，土壌などのあらゆる媒体を通して，微量でありながらも多種の化学物質を長期間にわたり暴露するなど，自然環境と生活空間に入り込んでいるが，それらの長期的な影響については，まだあまりよくわかっていない。暴露による人や生態系への作用の程度やメカニズムなどが解明されていない部分が多いことから，人や生態系に影響を生じさせるおそれを「環境リスク」として捉え，未然防止の観点から低減が図られている。有害物質について環境省などが化学物質審査規制法や汚染防止法など環境法で規制すると同時に，1974（昭和49）年度以降，一般環境中における残留状況調査結果が，化学物質の環境安全性を確認する目的で公表されている（→3-8）。

2-4-1　有害化学物質の発生源と人や生態系への暴露

　工場等での生産過程に従事する人が労働環境から有機化学物質を直接摂取したり接触したりする場合や，有害物質が含まれている食品や水道水，生活用品，家庭用品，建築資材などを消費者が使用する過程で摂取する場合がある。汚染経路は，経口，経気道，経皮である。さらに使用，消費，廃棄の過程で水，大気，土壌などの環境中へ漏れ，自然界の浄化作用で分解できない化学物質が大気・水・土壌中に拡散，移動する循環の中で人や動植物が取り込むことも多い。

　化学物質は水への溶解度，蒸気圧，分配係数，融点，沸点などの物理化学的パラメーターで表されている。水への溶解度が高い化学物質は水環境へ移行しやすく，沸点の低い化学物質は大気環境へ，水溶解度が低く沸点が高い化学物質は土壌環境へと移行しやすいとされている。

1　有害化学物質の排出基準

　有害化学物質は，"人の健康や生態系または生活環境に係る被害を生じるおそれのある物質"として政令で定められている。環境中で検出される濃度だけ

で影響評価はできないが，排出の一定の基準値が法律で指定されている。大気汚染防止法では，カドミウムおよびその化合物，塩素および塩化水素，フッ素，フッ化水素およびフッ化ケイ素，鉛およびその化合物，窒素酸化物が，「有害大気汚染物質」として指定されている（→巻末：**資料8**）。

2-2（水質汚濁）でも述べたが，排出水等に含まれる有害物質は，水質汚濁防止法で指定されている。排出水（特定事業場から公共用水域に排出される〔雨水を含む〕），特定地下浸透水（有害物質の製造，使用，処理する特定施設に係る汚水等で，地下に浸透する水）などに含まれる有害物質の排出基準を定め，その排出を規制している。土壌中の有害物質については土壌汚染対策法で，特定有害物質として26物質が定められている。すなわち，10種の重金属類，11種類の揮発性有機化合物，5種の農薬類を特定有害物質として，検液の溶出量および土壌中の含有量の指定基準が定められている（→巻末：**資料3**）揮発性有機化合物は，水より重く，粘性が低いため，浸透する速度が速く，地下水を汚染する場合が多い。また，揮発性が高いため，地層中の空気を汚染し，大気へ放出される場合もある。

一方，重金属類は土壌に吸着されやすく，揮発性有機化合物よりは汚染は広がらないとされるが，一部の物質は水に溶解するため，地下水流によって汚染が拡大する場合もある。日常生活に密接に関係するため，食品衛生法でも規制されている。

2　化学物質の環境調査における調査対象物質数

1974（昭和49）年度以降，水質・底質・生物・大気・食事の一般環境中にすでに存在している化学物質の残留状況を把握する目的で「化学物質環境調査」が行われている。**図表2-4-①**に示すように，1974～2015年度までに年々増えた調査物質数は，水質1,171と底質1,027が最も多く，生物，大気の順となっている。2004年度からは食事やその他（雨水や室内）媒体による対象物質が追加され，調査の結果，何らかの媒体から検出された割合は総数の約半分の物質となっている。なかでも，調査物質数は少ないが検出された物質がほとんどである食事媒体による化学物質（アクロレイン，直鎖アルキルベンゼンスルホン酸類），大気媒体による化学物質が検出される割合が多い。

図表2-4-① 環境実態調査による化学物質の検出状況 （1974～2015年度）

	水 質	底 質	生 物	大 気	食 事	その他	総 数
調査物質数	1,171	1,027	475	473	27	26	1,333
検出物質数	442	473	290	333	21	13	757
検 出 割 合	38%	46%	61%	70%	78%	50%	57%

注1) 昭和60年度より水質，底質および魚類の検出下限値を統一処理している。
　2) その他の媒体は，雨水および室内空気である。
出典：環境省「平成27年度化学物質環境実態調査結果の概要」より。

　2005年度からは，化学物質があるかどうかの「初期環境調査」，より詳しく調べる「詳細環境調査」，人や生物の体内に取り込まれる量を調べる「暴露量調査」，定期的に調べる「モニタリング調査」が実施され，環境リスクを効率的かつ効果的に評価し，リスクの低減に努めている。2005年度の実態調査の結果では，初期環境調査では34物質を調査し，水質から6物質，底質から6物質，生物から1物質，大気から1物質が検出された。2015年度の初期調査では水質11物質中5物質，大気5物質中3物質が検出された。詳細調査では14物質を調査し，水質から8物質，底質から2物質，生物から1物質，大気からは検出されなかった。暴露量調査では21物質を調査し，水質から9物質，底質から2物質，生物から2物質，食事から2物質，室内から2物質，モニタリング調査では16物質を調査し，水質から11物質，底質から13物質，生物から14物質，大気から11物質が検出されている。調査対象物質は年度により異なる。

2-4-2　身の回りの有害化学物質

　私たちの身の回りには有害な化学物質を使用した製品がある。それらは合板，パーティクルボード，壁紙，接着剤（ホルムアルデヒド），施工用接着剤，塗料溶剤，ワックス溶剤（トルエン），塗料溶剤，樹脂，ワックス溶剤（キシレン），塗料，接着剤（エチルベンゼン），防虫剤（パラジクロロベンゼン），発泡スチロール（スチレン）等に含まれている。家または建材が原因でめまい，吐き気，頭痛，平衡感覚の失調や呼吸器疾患，皮膚炎などいろいろな症状，体の不調を感じることが大きな問題となり始めている。シックハウス症候群もその1つである。

食品にもたくさんの有害化学物質が含まれている。水中で塩素と天然由来の有機物とが反応して生成される化合物トリハロメタンが，水道中から検出され，がん細胞などに突然変異を引き起こす作用が強いことで知られている。また，飲料水に含まれるアルミニウム化合物が，長期間体内に蓄積され，「老人斑（アルツハイマー病の原因）」やアルツハイマー病の引き金になっていると発表されたり，輸入されている野菜，果樹，ワインから残留農薬が検出されたりするなど，食品に含まれる有害化学物質問題は後を絶たない。

2-4-3　内分泌かく乱化学物質（環境ホルモン）

　内分泌かく乱化学物質（環境ホルモン）は，「内分泌系に影響を及ぼすことにより，生体に障害や有害な影響を引き起こす外因性の化学物質」と定義され，環境中に存在する化学物質のうち，生体にホルモン作用を起こしたり，逆にホルモン作用を阻害するものをいう。

　『沈黙の春』が発表された直後の1960年代後半にDDTなどがホルモン的作用をする可能性が指摘されたが，一般にこの環境ホルモンが世界に知られるようになったのは，1997年に出版された『奪われし未来』によるものである。この本で「前兆」として紹介されたのが，アメリカの五大湖で確認された魚のがんをはじめ，ヨーロッパ・地中海などで1950年代以降確認された，おびただしい野生生物の大量死，奇形の発生，不妊，行動の異常などの衝撃的な事例（図表2-4-②）であった。やがてこの懸念を，立証するかのような事例が次々と明るみに出され，70年代に，世界中で医療用に開発され多くの妊婦に投与されたホルモン剤などが胎児に恐ろしい影響を与えたこと，1975年には，ベトナム戦争（1962年）で使われた「枯葉剤」に含まれていたダイオキシンが原因で奇形児が生まれたことなどが明らかになった。

　日本では，1996年に"環境ホルモン"という言葉が発表され，1998年に環境庁は「内分泌かく乱作用を有すると疑われる化学物質」67物質をリストアップしたことが，日本中に強い不安感を高めた。これらの物質を原因としたものとして，1968年に米ぬか油中へのPCBの混入事件，中毒事件（カネミ油症事件）の発生，ノニフェノールによる多摩川のコイのメス化や，有機スズによるイボ

図表2-4-②　環境ホルモンの影響事例

年	地域	影響事例
1950年代	アメリカ・フロリダ州	ハクトウワシの個体数の80％に生殖異常が見られる。
1950年代	イギリス	カワウソがいなくなる。原因は80年代まで不明。
1960年代	五大湖・オンタリオ湖	セグロカモメのコロニー（集団繁殖地）でヒナの80％が死亡。または奇形が発生。
1970年代	アメリカ・南カリフォルニア	セイヨウカモメの生殖異常。メス同志のつがいが確認。
1980年代	アメリカ・フロリダ州	ワニの卵の80％が死亡。多数のオスの生殖器に異常。
1988年	北海沿岸	1万5,000頭に上るアザラシが死亡。
1990年	地中海	ウィルスによるスジイルカの大量死。体内からPCBが通常の倍以上検出。
1992年	デンマーク	ヒトの精子が約50年の間に半減。

出典：シーア・コルボーン他／長尾力（訳）『奪われし未来』（翔泳社，1997年）より。

ニシのオス化，1990年代中頃から母乳に含まれているダイオキシンが問題になった。世界中の多くの科学者たちは，その原因を，水質の汚染や農薬，化学薬品によるものと直感的に見抜いたが，その仕組みを立証するには時間がかかった。ところが，その後，立証するための検証実験が行われ，多くの科学的知見が蓄積されるに従い，ほとんどの物質は哺乳動物に有意に作用しないことがわかるなど，環境中の化学物質は当初に比べ危険性があるとは考えにくいとされた。日本でもこれらの知見等を踏まえ，環境省は内分泌かく乱物質として指定していた67物質のリストを取り下げ，リストは現在調査研究の対象物質となっているにすぎない。当初，内分泌かく乱化学物質の可能性が高いと考えられた物質については，動物試験，試験管内試験，魚類等に対する試験で検討されている。船舶に防汚剤として使われたトリブチルスズの影響で貝類にメスのオス化がみられる現象は貝類特有の反応とされている。

　一方，厚生省は2008年7月にビスフェノールAが人に与える影響について，近年，動物の胎児や産仔に対し，これまでの毒性試験では有害な影響が認めら

れなかった量よりきわめて低い用量の投与により影響が認められたことから，妊婦や乳幼児がこの物質を基準値以下でも摂取すると影響があるのではないかと懸念され，食品安全委員会に食品健康影響評価を依頼している。農林水産省は，2008年5月にトウモロコシ等の穀物につくカビが作り出すゼアラレノンという有害代謝物が，環境ホルモンとして危惧されるとして，食品安全に関するリスクプロファイルシートを作成し，農作物や魚介類等の実態を把握している。

2-5　地球環境問題とは

　地球上に生命が誕生してからおよそ30億年が，また，私たち人類が誕生してから約数百万年が過ぎようとしている。私たち人間は利便性や効率を追求してきた結果，いま，地球の環境が危機に直面している。地球環境問題とは，地球的な規模で影響を及ぼす環境問題であり，代表的な問題として，①気候変動（地球温暖化，異常気象），②酸性雨，③オゾン層破壊，④有害廃棄物の越境移動，⑤海洋汚染問題，⑥森林破壊問題，⑦砂漠化問題，⑧野生生物種減少問題，⑨発展途上国の公害問題の9つを挙げることができるが，近年では放射性物質による環境汚染問題や外来生物の侵入問題など様々な問題が発生している。これらの環境問題は**図表2-5-①**に示すように先進国と発展途上国との関わりと，開発，人口，資源とも密接かつ複雑に相互に関わりあっているため，改善するのは非常に困難な問題である。これらの環境問題は現在，世界中で注目され，研究や議論が行われている。

　地球環境問題とは以下のように定義されている。①被害や影響が一国内にとどまらず，国境を越え，ひいては地球規模にまで広がる環境問題，②わが国のような先進国を含めた国際的な取組みが必要とされる発展途上国における環境問題，この2つの条件のいずれか，または両方を満たす問題が一般に地球環境問題である。

　これらの環境問題の特徴は，①それ自体は環境中で人体，動植物などに直接

図表2－5－①　地球環境問題の相互関係

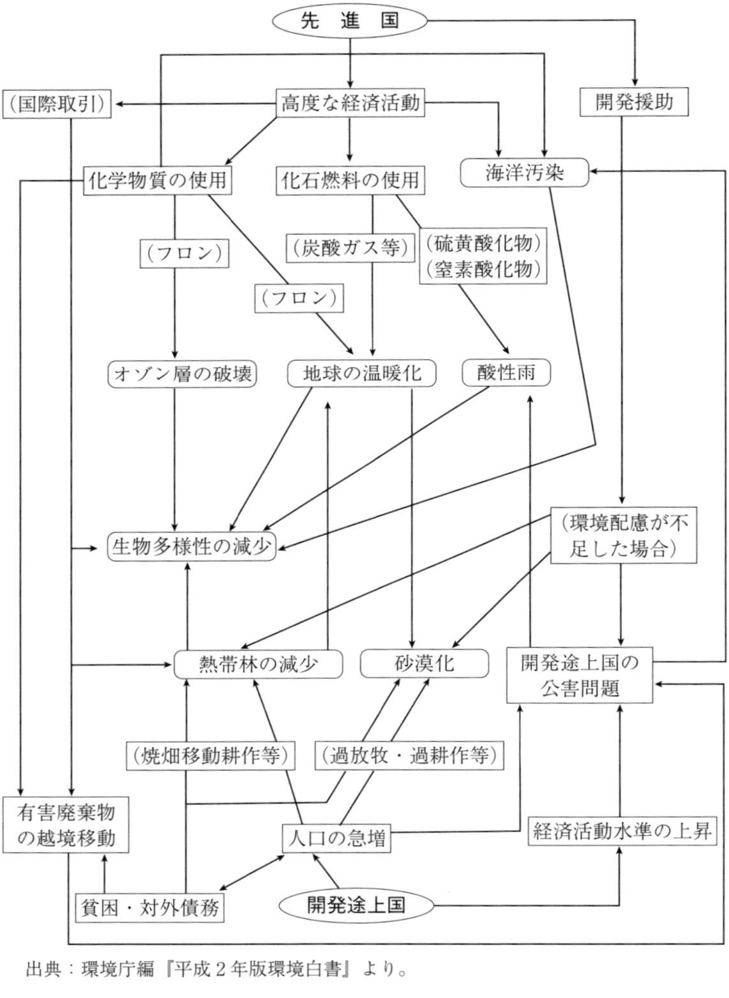

先　進　国

（国際取引）　　高度な経済活動　　開発援助

化学物質の使用　　化石燃料の使用　　海洋汚染

（フロン）　　（炭酸ガス等）　（硫黄酸化物）（窒素酸化物）

（フロン）

オゾン層の破壊　　地球の温暖化　　酸性雨

生物多様性の減少　　（環境配慮が不足した場合）

熱帯林の減少　　砂漠化　　開発途上国の公害問題

（焼畑移動耕作等）　（過放牧・過耕作等）

有害廃棄物の越境移動

人口の急増　　経済活動水準の上昇

貧困・対外債務　　開発途上国

出典：環境庁編『平成２年版環境白書』より。

影響を及ぼさない物質が原因となっている（例：CO_2, CH_4, フロン類），②発生源がどこであっても，その影響は地球全体に及ぶ，または地球のどこに影響が及ぶかわからない（例：地球温暖化，オゾン層破壊），③全世界が協力し対処しなければ解決しない問題である。現在，地球上で多くの環境問題が顕在化している。その1つの理由として，大量生産・大量消費・大量輸送・大量廃棄による地球資源の浪費がある。

　地球全体のもつ資源容量や自浄能力は無限ではなく，1972年のローマクラブの「成長の限界」発表により地球は有限であると認識されるようになり，経済成長と環境保全を両立させて持続していかなければならない。21世紀中も人間は採取した資源を有効に利用し，余剰な物質を自然界に排出しないような循環型社会をめざさなければならない。

2-6　地球温暖化

2-6-1　地球温暖化とは

　地球の気候は46億年の間に，数万年続く氷河期，そして高温多湿な時代と寒・暖を繰り返しながら変化し，そのたびにその恩恵を受けて生物は繁栄してきた。その一方，気候変化に生物は適応できず衰退したり，死滅したりしてきた。過去46万年の二酸化炭素（CO_2）濃度と気温の変動（**図表2-6-①**）をみると，両者の関係は深く，約1万年前の最後の氷河期の後，CO_2濃度と気温は上昇し安定している。現在の気候は1600年頃～1850年頃までは寒冷な小氷期である。CO_2濃度は，氷期・間氷期を繰り返しながら氷期平均で180ppm，間氷期で平均280ppm程度，46万年間で最高の値でも300ppm程度であった。2015年のCO_2濃度は2014年より2.3ppm増加し400.0ppmを記録した。現在の濃度は産業革命以前の平均的な値とされる280ppmに比べて44％増加している。現在問題となっているのは，このCO_2濃度は，過去の記録をはるかに上回る速さで上昇し，気温も上昇し続けている。特に最近の気温の上昇量が大きい。この

図表2-6-① 46万年間の二酸化炭素濃度と平均気温の経年変化

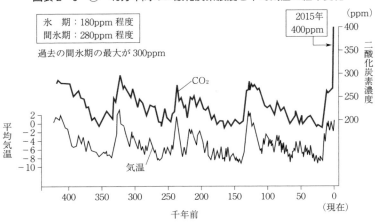

出典:「IPCC第3次評価報告書」に2015年の観測結果を追加して作成。

　地球の平均気温が長期的に上昇する傾向を「地球温暖化」といい，いまやこの言葉を知らない人はいない。地球温暖化は地球全域が暖かくなっているのではなく，冬がより暖かかったり，夏が以前にも増して暑かったり，雨が異常に少なかったり，と思えば集中豪雨や台風被害が増え，また地域によって様々な気候変化をし，その結果，地球上の人間を含む生物等が深刻な影響を受けている。今後さらに影響は拡大するものと予測される。

　このような深刻な影響が現れると警告されるようになったのは，二酸化炭素濃度の観測データが蓄積され，上昇傾向が現れた1970年代終わり頃で，それ以降次第に国際的に重要な政策課題として，防止に向けての対策や現れている多くの影響に適応していく方策が講じられている（→3-6参照）。

　このような近年の急激な気温上昇の主な原因は，世界人口が急増したことが挙げられる。人類が誕生して以来十数万年間は2～3億人にとどまっていたが，18世紀の産業革命以降10億人を突破し，1999年に60億人，2011年10月には70億人を超え，250年あまりで約7倍に激増し，2050年頃には98億人を超え，2100年には112億人に達すると予測されている（世界人口推計2017年改訂版）。この人口増加は主に，中国，インドなど急速な経済成長を遂げつつある新興国や多く

の開発途上国において顕著である。現在進行中の人口爆発により，すでに水，食糧，資源，土地などが不足しており，この深刻な影響は今後もさらに世界中の国々に及ぶことが懸念されている。

2-6-2　地球温暖化のメカニズム

1　気候システム

　地球の気温は，太陽から受け取るエネルギーと地球が放出するエネルギーの収支のバランスにより決定される。地球が太陽からのエネルギーで暖められ，暖められた地球から熱が放射され，大気に含まれる二酸化炭素をはじめとする温室効果ガスがこの熱を吸収し，再び地表に戻る。しかし，もし地球に今のような大気中に赤外線を吸収する温室効果ガスがないとすれば，決定される地表平均温度は約−19℃になるはずが，実際には，それよりも33℃も高い14℃に保たれている（**図表2-6-②**）。その理由は，大気が赤外線の吸収によって，地表の放射冷却を防ぐ働きをしているためである。近年になって，人間活動による二酸化炭素などの人為的要因によって気候変化が起こっていることを地球温暖化と呼ぶようになった。どうして気候が変化するのか，どのように変化するのかを知るためには気候システムを理解しなければならない。気候システムとは，大気，海洋，地表面，雪や氷，海洋，生態系などの要素から構成され，その要素の間でエネルギー，水，その他の物質がやりとりをする相互作用のシステムである（**図表2-6-③**）。気候変化には内部要因と外的な強制要因があり，内部要因としては代表的なエルニーニョ現象があり，外的な強制要因として火山噴火，太陽活動，地球の軌道や自転軸のわずかなズレなどの自然的要因と，二酸化炭素濃度の変化や土地利用の変化（森林破壊，砂漠化，耕作地化など）の人為的要因に分けられる。産業革命以降の人間活動の増大により，人為的な強制要因が気候変化を引き起こしつつあり，このままのペースで増加し続けると，地球はさらに温暖化してしまうと危惧されている。

2　温室効果ガス

　大気中には，温室効果ガスと呼ばれる気体がわずか1％程度含まれていて，この気体は地球表面から放射される赤外線を吸収するが，太陽から放射される

図表2-6-② 温室効果のメカニズム

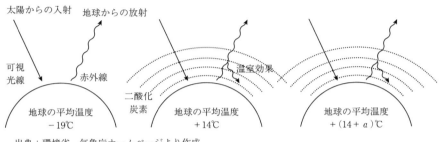

出典：環境省，気象庁ホームページより作成。

図表2-6-③ 気候システムを構成する要素とその過程，相互作用の概要

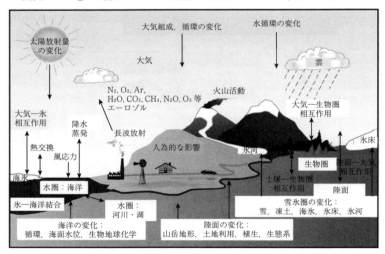

出典：「IPCC第4次評価報告書」より。

図表2-6-④　温室効果ガスの特徴

温室効果ガス		地球温暖化係数	性　質	用途・排出源
CO_2（二酸化炭素）		1	代表的な温室効果ガス。	化石燃料の燃焼等。
CH_4（メタン）		28	天然ガスの主成分で，常温で液体。よく燃える。	稲作，家畜の腸内発酵，廃棄物の埋立など。
N_2O（一酸化二窒素）		265	数ある窒素酸化物の中で最も安定した物質。他の窒素酸化物（たとえば二酸化窒素）などのような害はない。	燃料の燃焼，工業プロセスなど。
オゾン層を破壊しないフロン類	HFC（ハイドロフルオロカーボン）	4〜12,400	塩素がなく，オゾン層を破壊しないフロン。強力な温室効果ガス。	スプレー，エアコンや冷蔵庫等の冷媒，化学物質の製造プロセス，建物の断熱材など。
	PFC（パーフルオロカーボン）	7,390〜17,340	炭素とフッ素だけからなるフロン。強力な温室効果ガス。	半導体の製造プロセスなど。
	SF_6（六フッ化硫黄）	23,500	硫黄とフッ素だけからなるフロンの仲間。強力な温室効果ガス。	電気の絶縁体など。
	NF_3（三フッ化窒素）	16,100	窒素とフッ素からなる無機化合物。強力な温室効果ガス。	半導体の製造プロセスなど。

注1）地球温暖化係数とは，温室効果ガスそれぞれの温室効果の程度を示す値。
　2）ガスそれぞれの寿命の長さが異なることから，温室効果を見積もる期間の長さによってこの係数は変化する。
　3）数値は，IPCC第5次評価報告書の値（100年間での計算）。
出典：「IPCC第5次評価報告書」より。

可視光は吸収しにくいという性質があり，陸や海から放射された赤外線エネルギーの多くが，これらの気体や雲に吸収され，その後再び地球へ向けて放射される。温室効果ガスを代表する気体として，水蒸気と二酸化炭素があり，京都議定書では，CO_2（二酸化炭素），メタン，一酸化二窒素，HFC（ハイドロフルオロカーボン），PFC（パーフルオロカーボン），SF_6（六フッ化硫黄），NF_3（三フッ化窒素）の7物質が温室効果ガスとして削減対象となっている。この温室効果ガスの総量のうちの半分以上がCO_2に起因するため，CO_2の排出量を規制することが最も重要であると考えられている。しかし，CO_2に比べるとCFCや

HCFC，メタンなどの気体は絶対的な存在量そのものはCO_2よりも少ないが，単位重量当たりの赤外線の吸収量が大きいため，わずかな量でも大きな温室効果をもっている。また，海洋が暖められると大気中に含まれる水蒸気が増加し，この水蒸気が温室効果となって再び気温上昇することになる。温室効果ガスの特徴については図表2 - 6 - ④を参照。

3　人為起源による温室効果ガスの排出量の実態

2013～14年に気候変動に関する政府間パネル（IPCC）がとりまとめた第5次評価報告書では，観測事実とシミュレーション結果に基づいて気候システムおよび気候変化についての評価が行われ，地球温暖化は多くの人間による化石燃料の使用などの人為起源が主因と考えられ，自然要因だけでは説明がつかないことを指摘している。人為起源による温室効果ガスの主な発生源は，エネルギー，つまり石油・石炭・天然ガスなどの化石燃料の使用である。いずれの化石燃料も現在の生活から切り離すことのできない資源で，大量に消費すると大量に大気中にCO_2を排出する。1970～2010年において人為起源の温室効果ガスの排出内訳は，CO_2の65％が化石燃料の使用，11％が森林減少や山火事等によるものであり，メタンは16％で水田・肥料・家畜などの農業・廃棄物からの排出となっている。亜酸化窒素が6.2％，フロン類は2％である。地球温暖化に最も大きな影響を及ぼしているのはCO_2で，地球温暖化の温室効果ガスの6割は，二酸化炭素の増加による影響とされている。特に日本では，排出される温室効果ガスの9割以上は二酸化炭素である。日本における2013年時点の寄与度は，93.1％がCO_2によるものである。これらの温室効果ガスは温室効果の強さが異なる。赤外反射の吸収能力が高いほど，大気中に残っている期間（寿命）が長いほど温室効果が強まる。CO_2は大気中の濃度が最も高いことから，最も温暖化に寄与している。この放射の大きさを放射強制力と呼び，温暖化は正の放射強制力をいう。しかしフロン類や亜酸化窒素，メタンなどは大気中に量は少なくても温暖化に寄与する力が数十倍～数万倍強い。これを地球温暖化係数と呼び，CO_2の温室効果を1とした場合の各温室効果ガスがもつ温暖化の強さで，わずかでも増えると温暖化を速めることになる。メタンは二酸化炭素の28倍の高い温室効果で，1750年の工業化以来2015年までに156％も増加して

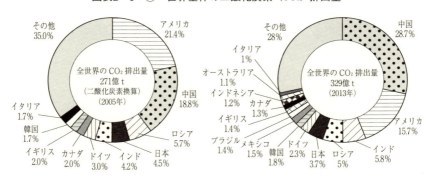

図表2-6-⑤ 世界全体の二酸化炭素（CO_2）排出量

出典：「EDMC／エネルギー・経済統計要覧2016年版」より作成。

いる。現在のメタン排出量の半分強が，人為起源（たとえば，化石燃料の使用，畜牛，米作，ごみの埋立て）によるものである。これに加え，一酸化炭素（CO）の排出がメタン濃度の増加の原因になっていることも確認されている。

　図表2-6-⑤は原因となっているCO_2などの温室効果ガスの排出量を国別に示している。2005年に最も多く排出している国はアメリカ，次いで中国，ロシア，日本，インドの順となっている。中国の排出量は2007年にアメリカを超え，その後ロシアも超え，2013年には世界全体の28.7％を占め第1位を示し，インドの排出量は2008年に日本を超え，その後ロシアも超え，2013年には世界全体の5.8％を示し第3位となっている。1人当たりの排出量でみると，2005年の中国はアメリカの1／5ほどだったが，2012年にはアメリカが16.2t，中国が6.1tに急増した（図表2-6-⑥）。アラブ首長国連邦，オーストラリア，サウジアラビア，アメリカ，カナダなどで多く，わが国は9.6tで，世界平均が4.5tに比べると2倍以上である。今後1人当たりの排出量が少なく人口の多い中国やインド（1.6t）などの新興国をはじめ，発展途上国の1人当たりの排出量が増えると世界全体の温室効果ガスの排出量は増加すると予想される。先進諸国で1990年より5.2％削減する目標値に対し，2012年の世界全体の排出量は1970年より約2倍も増え，京都議定書の基準年の1990年より約55％も増加した。

　日本の年間総排出量および1人当たりの排出量は，2015年までに2009年度を

図表2-6-⑥　国別の1人当たりのCO₂排出量（2012年）

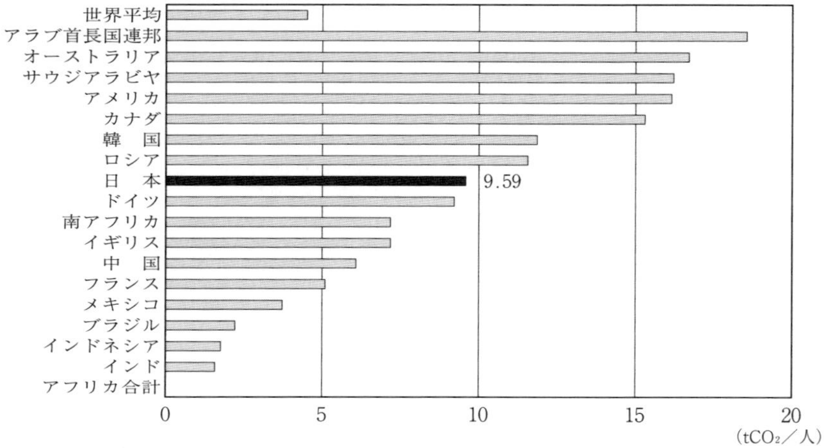

世界平均
アラブ首長国連邦
オーストラリア
サウジアラビア
アメリカ
カナダ
韓　国
ロシア
日　本　9.59
ドイツ
南アフリカ
イギリス
中　国
フランス
メキシコ
ブラジル
インドネシア
インド
アフリカ合計

0　　　　　5　　　　　10　　　　　15　　　　　20
（tCO₂／人）

出典：IEA「CO2 emissions from fuel combustion」2014 より環境省が作成。

除くすべての年で上回っている（**図表3-6-②**参照）。2007年度の総排出量が最大で，14億1,500万tで，1人当たりの排出量も10.4tと多かった。その後世界的経済不況で排出量は減少に転じたが，2009年度に再び増加し始め，2013年に14億6,400万tとなり，2015年度は2013年度より6％（13億2,500万t）減少した。減少した理由は電力消費量の減少や電力の排出源単位の改善に伴う電力由来のCO_2排出量の減少によるものである。CO_2排出量は2011年3月の東日本大震災による原子力発電所の稼働停止が大きく左右している。部門別では1990年度以降2013年度まで増加率が民生部門の業務その他部門で約2倍，家庭部門が約1.7倍であったが，2013年度以降減少傾向に転じている。

2-6-3　地球温暖化と今後の見通し

IPCC第5次評価報告書によると，**図表2-6-⑦**，**図表2-6-⑧**に示すように，世界平均地上気温は1880～2014年の間に0.85（0.65～1.06）℃上昇し，20世紀を通じて平均海面水位は19（17～21）cm上昇した。また，最近50年間の気温上昇の速度は，過去100年間のほぼ2倍の速さ，さらに最近の25年間はほぼ2.5倍の速度で，海面上昇の速度も近年ほど速くなっている。2016年の世界平均気

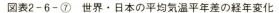

図表2-6-⑦　世界・日本の平均気温平年差の経年変化

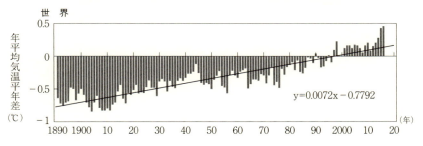

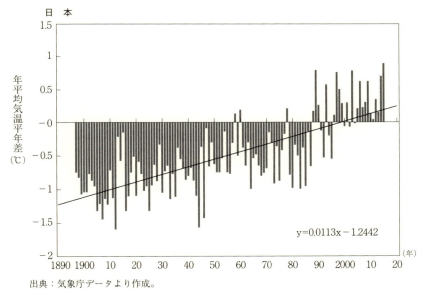

出典：気象庁データより作成。

温は観測史上最も高くなり，1990年代半ばから高温となる年が多くなっている。このことから，気候システムに温暖化が起こっていると断定するとともに，20世紀半ば以降に観測された世界平均気温の上昇のほとんどは人為起源の温室効果ガスの増加によってもたらされた可能性が非常に高いとされている。さらに，今後の予測を世界全体の経済成長や人口，技術開発，経済・エネルギー構造等の動向から複数のシナリオに基づく将来予測を行っており，1986～2005年までに比べ，21世紀末（2081～2100年）の平均気温上昇は，経済，社会および環境

図表2－6－⑧　地球温暖化の現状

指　　標	観測された変化
世界平均気温	・陸域と海上を合わせた世界平均地上気温は，1880年から2014年の期間に0.85［0.65～1.06］℃上昇。 ・地球の表面では，最近30年の各10年間はいずれも，1850年以降の各々に先立つどの10年よりも高温。 ・1951～2012年の期間に比べ，1998～2012年の期間における地上気温の上昇の変化傾向は弱まっている。
平均海面水位	・1901～2010年の期間に0.19［0.17～0.21］m上昇。 ・19世紀半ば以降の海面水位の上昇率は，それ以前の2000年間の平均的な上昇率より大きい。
暑い日および熱波	発生頻度が増加。
寒い日，寒い夜および霜が降りる日	発生頻度が減少。
大雨現象	発生頻度が増加。
干ばつ・洪水	極端現象の影響により，一部生態系や多くの人間システムの現在の気候変動性に対する重大な脆弱性と曝露が明らか。
氷河，積雪面積	・過去20年にわたり，グリーンランドおよび南極の氷床の質量は減少しており，氷河はほぼ世界中で縮小。 ・北半球の春季の積雪面積は減少。
熱帯低気圧	大西洋の熱帯低気圧の強度が増加傾向。

出典：「IPCC 第5次評価報告書」より作成。

の持続可能性のための世界的な対策に重点が置かれ，地域間格差が縮小した社会では，約1.0（0.3～1.7）℃とする一方，高度経済成長が続く中で化石エネルギー源を重視した社会では約3.7（2.6～4.8）℃と予測されている。また，新しい知見として，温暖化により，大気中の二酸化炭素の陸地と海洋への取込みが減少するため，温暖化が一層進む（気候－炭素循環のフィードバック）。大気中の二酸化炭素濃度の上昇に伴い，海洋の炭素吸収量が増え，産業革命以降の250年間で海洋の pH が平均で0.1低下しており，将来において，酸性化が進むことがほぼ確実と予測されている。

　日本では20世紀中に平均気温が約1℃上昇し（**図表2－6－⑦**），特に2010年までの25年間の上昇量は大きく，ほぼ4倍の速度で約1℃上昇し，世界平均よりかなり速い速度で上昇している。このため生態系，農業，社会基盤，人の健康などにすでに影響が現れており，今後も多大な影響を与えることが予想される。

2-6-4　地球温暖化の影響

　温暖化により以下のようにすでに多くの影響が現れており，将来的にも現れると予想されている。

1　水資源への影響

・河川の年平均流量が地域によって異なり，増える地域もあれば減る地域もある。

・現在も水不足の影響を受けている人口は17億人いるが，2050年には世界人口の２／３の約50億人に達すると予測されている。

・豪雨の発生頻度が増え，ほとんどの地域で洪水が起こる回数やその規模は増大すると予測されている。水不足は安定した飲料水の供給が困難になると同時に，食糧生産にも大きな影響を与える。

・わが国への影響としては全国的に洪水が増大すること，積雪地帯の河川流量が冬に増え，４～６月に減少すると予測されている。

2　海洋・沿岸域への影響

・海面水温や海面水位の上昇，解氷面積の減少，塩分，酸性化，波浪条件，海洋面積の変化をもたらす。沿岸域では洪水規模の増大，浸食の加速化，湿地やマングローブの損失，淡水減に海水の浸入が生じる，沿岸域の人間活動やサンゴ礁へのストレスを増大させる。

・わが国への影響としては，海面上昇により砂浜は干潟，マングローブやサンゴ礁に影響が現れるほか，海水温の上昇により熱帯・亜熱帯性の海洋生物が出現するようになる。海産物の水揚げ量にも大きく影響する。

3　自然生態系への影響

　動植物の生息地の移動，数や量，固体サイズなどの減少が挙げられる。ブナ林の分布可能地域が狭められる。農作物の適地が変化する。

4　社会生活への影響

　異常気象（洪水，熱波，エルニーニョなど）による世界の全体被害額は1950年代（39億ドル／年）に比べ，1990年代（400億ドル／年）は10.3倍，2000年代（2000億ドル／年）は20倍に増大している。今後，異常気象の頻度や強度が増し，農業生産や水資源，海洋・沿岸域，健康などへの影響が予測される。公害・環境

図表2-6-⑨　地球温暖化による健康影響

	温暖化による環境の変化	人の健康への影響
直接影響	暑熱，熱波の増加	熱中症，死亡率の変化（循環器系，呼吸器系疾患）
	異常気象の頻度，強度の変化	洪水等災害への被災リスクの増加（障害，死亡の増加）
間接影響	媒介動物・宿主生物等の生息域，発生量の拡大	動物媒介性疾患（マラリア，デング熱など）の増大
	農作物収量の変化	栄養不良の増加
	水，植物を介する感染性媒体の拡大	下痢や他の感染症の増大
	海面上昇による人口移動や社会インフラ被害	水・植物媒介系感染症リスクの増大
	大気汚染の複合影響	喘息，アレルギー疾患リスクの増大

出典：IPCC 第 3 次および第 4 次評価報告書より作成。

問題に直面している途上国では，社会生活（人々の暮らしや生産基盤）に一層打撃を与える可能性がある。

5　産業への影響

温暖化によりウィンタースポーツなどの観光産業が影響を受ける。2030～2050年にはスイスの主要なスキー場は標高2,000m前後の場所にしか存在できなくなると予測される。そこで人工雪が必要になるとエネルギーを消費するためにさらなる温暖化へと進み悪循環となる。その他，夏の気温上昇による衣類，冷房機器などの夏物商品の売上げが伸び，さらに夏の高温傾向が続くと電力需要の増加や雷雲の発生頻度が増えることからIT関連機器などへの対策も必要となってくる。海上輸送の港湾施設などにも影響が現れると考えられる。

6　健康への影響

夏季の気温上昇による熱中症患者の増加だけでなく，マラリアやデング熱といった感染症を媒介する生物の生息環境の変化に伴い，人間の健康にも影響を与える。また，都市部の大気環境の変化による大気汚染の増加，洪水の増加による水系の感染症の増加なども懸念されている（**図表2-6-⑨**）。

1999年にニューヨークで西ナイル熱ウイルスによる感染症が発生し，その後

急速に他州へと広がり，米国での2003年の患者数は9,100人，死亡者数は222人に上り，それ以降も患者数3,000人前後で推移している。2007年には新たにカナダでも2,000人を超える患者が発生した。わが国でも口蹄疫，新型インフルエンザ，ノロウィルス，デング熱などの感染症が流行し始めている。

2-7 オゾン層の破壊

2-7-1 オゾン層とは

　地球をとりまく大気中のオゾンの大部分は地上から約10〜50km上空の成層圏に存在し，このオゾンの多い層をオゾン層と呼び，太陽光に含まれる有害紫外線の大部分を吸収し，地球上の生態系を保護する役割を果たしている。ところが，人間が作り出したクロロフルオロカーボン類などから生じた塩素・臭素によりオゾン層破壊が1970年代から熱帯地域を除く地球全体で進行している。特に南極域の春にオゾンホールが顕著に現れる。その結果，地上に到達する有害紫外線（UV-B）が増加し，皮膚ガンや白内障等の健康被害の発生や，植物やプランクトンの生育の阻害等を引き起こしている。オゾン層破壊物質の多くは強力な温室効果ガスでもあり，地球温暖化も促進させている。また，成層圏オゾンは成層圏の大気を暖める役割もあり，地球の気候の形成に大きく関わっている。

2-7-2 オゾンの生成・消滅

　高度30kmより上空では紫外線により酸素原子3個からなるオゾンが生成される一方，オゾンは酸素原子と反応することにより消滅している。上空のオゾンは生成・消滅のバランスを保っている。上空40km付近では，紫外線によりクロロフルオロカーボン等から解離した塩素原子が次々とオゾンを破壊している。高度30kmより下の成層圏では，塩素原子は通常，オゾンを破壊しない化合物に姿を変えて存在している。ところが，南北両極，特に南極上空の高度15

〜20km 付近では冬に著しく低温の状態となり，極域成層圏雲（PSCs）と呼ばれる雲が発生し，この雲粒子の表面および太陽からの紫外線による光化学反応により塩素が活発化してオゾンを破壊する。オゾンホールはこれらの反応によりオゾンが急速に破壊されてできたものである。同じようなオゾンの破壊反応は火山噴火による硫酸粒子の表面でも起こる。オゾン量に変化があると，成層圏の気温構造や大気循環に変化をもたらし，地表の気候に影響を与える。逆に温室効果ガスが増えるとオゾン層に影響を与える。

2-7-3　オゾン層破壊の推移

　オゾン層破壊物質は1989年以降，オゾン層を破壊する物質に関するモントリオール議定書と，その改正・調整の成果として，過去20年間にわたりオゾン層破壊物質の生産・消費が規制され，議定書作成当初から規制されてきた主要なオゾン層破壊物質のほとんどは大気中の量を減少しつつある。しかし，南極上空のオゾンホールは，面積，オゾン欠損量ともに拡大し続けており，破壊物質の中には放出されなくなっても大気中に長期間残留する物質もあり，オゾン層破壊は今後数十年先まで続く見込みである。

　南極上空のオゾンホールの面積からオゾン層破壊の推移を知ることができる。南極域上空のオゾンホールの面積は，「南緯45度以南におけるオゾン全量が220m atm／cm（オゾンの総量を表わす単位）以下の領域の面積」と定義し，米国航空宇宙局（NASA）提供の日別の衛星データをもとに算出されている。1998年以降の10年間では，2002年，2004年が小規模であったが，2006年は2000年に次いで大きなオゾンホールとなった。モントリオール議定書科学アセスメントパネルの2010年の報告によると，①対流圏における人為起源のオゾン層破壊物質の総濃度は，1992〜94年の最大値から減少し続けている。成層圏におけるオゾン層破壊物質の総濃度は，1990年代後半の最大値から減少傾向にある。ただし，成層圏の臭素量は依然として増加している。

　②2014年に南極域のオゾンホールは，回復の兆しが見えてきたと国連が評価し，完全に回復するには今後数十年かかり，南極域のオゾン濃度は，21世紀半ばから後半には正常であったと考えられる1980年以前の値に戻ると予測されて

いる。

　③ほとんどのオゾン層破壊物質は強力な温室効果ガスであり，地球温暖化の一因となってきた。なお，国際的に CFC からオゾン層を破壊しないとされている HCFC，HFC などへ代替が進むため，HFC の大気中濃度は増加傾向を示し，温室効果の高いガスであるため地球温暖化にも寄与している。

2-7-4　対流圏オゾン

　対流圏（地表）のオゾンは，成層圏オゾンと比べると1／10の量しか存在しないが，成層圏オゾンは有害な紫外線を防ぐ良いオゾンであり，対流圏オゾンは地球を暖めたり，生物にダメージを与える悪いオゾンである。つまり，私たちが日常接するオゾンガスは，それ自体が有害で，光化学スモッグの原因ともなり，人間の健康や農作物・森林などにとっても有害な大気汚染物質である。対流圏オゾンは，自動車や工場等から排出される二酸化窒素（NO_2）や揮発性有機化合物（VOC）が，太陽光により酸素原子と酸素分子に分解され，オゾンが形成される。この対流圏のオゾン量は年々増加傾向にあり，その影響は40ppb 以上で植物などに，60ppb 以上で人間の健康に影響があると考えられ，この１時間平均値が環境基準とされている。北半球の対流圏オゾン量は，産業革命以前に比べ２倍，過去20年間に2.5倍も増えた。近年問題となっていることは，わが国上空の対流圏オゾンが1970年以降広域にわたって著しく増加していること，春季にアジア大陸から日本に到達するオゾン量が60ppb を超えていることである。夏季は太平洋からの風が強いためアジアからの影響は避けられる。東アジアの大陸起源の窒素酸化物の放出量の上昇が，わが国の光化学反応が活発な春から夏に風下側のオゾンを著しく増加させている。本州では10〜20％が東アジア起源である。都市以外でも環境基準を超え始めている。北米，欧州，アジアが工業化に伴い原因物質を排出し，偏西風によって西から東へと運ばれるためである。今後も増加し続け，植物や農作物に大きな影響を与えると考えられている。この反応が促進されている理由として成層圏オゾンの破壊により紫外線の照射量が増加しているためとも考えられている。

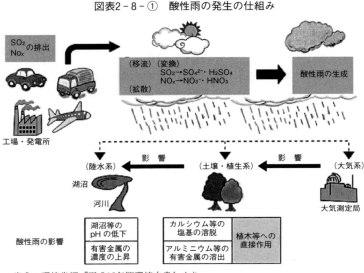

図表2-8-① 酸性雨の発生の仕組み

出典：環境省編『平成12年版環境白書』より。

2-8 酸 性 雨

2-8-1 酸性雨とは

　酸性雨とは，工場，火力発電所，事業場における石炭や石油などの化石燃料の燃焼，金属精錬や自動車の排ガスから大気中に放出される。硫黄酸化物（SOx）や窒素酸化物（NOx）などを起源とする酸性物質が雨・雪・霧などに溶け込んで水蒸気や酸素と化学反応を繰り返し，最終的に硫酸イオンや硝酸イオンなどに変化し，強い酸性を示す降雨や乾いた粒子状物質として降下する（沈着）現象をいう（**図表2-8-①**）。酸性雨には2種類あり，1つは湿性沈着（雲を作っている水滴に溶け込んで雨や雪などの形），もう1つは乾性沈着（ガスや粒子の形）である。また，原因物質の発生源から風により数百から数千kmも離れた地域に輸送されることも多く，国境を越えて広範囲に影響を及ぼす。東アジア地域においては，近年の経済成長等に伴い酸性雨原因物質の排出量が増加し

ており，近い将来，酸性雨による影響の深刻化が懸念されている。酸性雨の原因となっているものに火山噴火による火山灰などもあるが，多くは排気ガスなどである。

　酸性の強度を示すにはpHが用いられ，中性がpH7であるが，降水には大気中の二酸化炭素が溶け込むため，人為起源の大気汚染物質がなかったとしてもpHは7よりも低い。大気中の二酸化炭素が十分溶け込んだ場合のpHが5.6であるため，pH5.6以下を酸性雨と呼ぶ場合が多いが，火山，アルカリ土壌など周辺の状況によっても本来の降水のpH濃度は変わる。

2-8-2　わが国の酸性雨の状況

　日本各地の2010〜2014年の酸性雨モニタリングでは，23地点の5年間平均pH濃度は4.72（4.60〜5.21）を示し，すべての地点でpH5.6を下回る酸性雨が降っている。特に日本海側の地点のpH濃度が低い。このモニタリングは1983年から始まり，その影響についても調査されている。10数年前頃から群馬県赤城山，神奈川県丹沢山地などでの森林の立ち枯れなどの被害が報告されるようになり，その原因は狭義の「酸性雨」でなく，光化学オキシダントのような広義の酸性雨（酸性降下物）の影響が大きいといわれている。湖沼や河川では魚が卵を産まなくなったり，コンクリートのセメントが溶けて白くなったり，銅

Topic ⑪　東アジアの酸性雨

　日本における酸性雨の発生源としては，産業活動に伴うものだけでなく三宅島，桜島などの火山活動等も考えられている。また，東アジアから，偏西風に乗って広域に拡散・移動してくるものが多く，特に日本海側では観測される。日本で観測される硫黄酸化物（SOx）のうち49%が中国起源のもの，続いて日本21%，火山13%，朝鮮12%とされている。

　広範な範囲に影響を及ぼす酸性雨問題に関して，状況を調べ，情報を提供し，各国間の協力を推進するために，日本国内における東アジア酸性雨モニタリングがイニシアチブをとって東アジアでネットワーク調査地点（全10地点）を作った枠組みが東アジア酸性雨モニタリングネットワーク（EANET）で，2001年1月から本格稼働した。2007年現在，13カ国が加盟し，47地点で測定が行われている。近年注目されているPM2.5およびオゾンのモニタリングが2016年よりスタートしている。

像も青さびが出たりなどの例があるが，現在，光化学オキシダントによる人体
への影響があるものの，酸性雨による影響は明らかではない。酸性雨の影響は
長期間を経て現れるために，現在のpH濃度が続けば影響が顕在化すると思わ
れる。2014年度までのモニタリング結果から，①多くの土壌でpH4.5以下の
強い酸性を示した。②湖沼や河川のpHおよびアルカリ度が低く，酸性化が進
行しており，大気沈着との関連性が経年変化から確認されている。③磐梯朝日，
大山隠岐，十和田八幡平，吉野熊野では，樹木の枝の成長異常，落葉率，葉色
の変化等，特に多くの項目で異常が観察されたが，地点の中には，害虫等自然
的要因による影響が考えられる樹木もあり，多くの場合は，樹木の成長量の観
点から見た森林全体の衰退は確認されていない。

2-8-3　東アジア地域の酸性雨の状況

　2001年にスタートした東アジア酸性雨モニタリングネットワークでの2005〜
2009年のpH濃度の13ケ国のモニタリング結果から，42サイト中26サイト，
62％のサイトがpH5.0未満の低い平均pHが記録され，東アジアの降水が有意
に酸性化していることが判明した。pH4.6以下も12サイト（ペタリンジャヤ（マ
レーシア），ジャカルタ，チンインシャン（中国），カンファ（韓国），伊自良湖（日本），
チェジュ（韓国），蟠竜湖（日本），佐渡関岬（日本）など）もあった。pH2になる
と生物は生息できない。

　近年，アジア地域は経済成長に伴い酸性物質の排出量の伸びが世界最大であ
り，中国の重慶市近郊で健康被害や森林被害が現れているほか，東南アジア地
域でも生態系への影響が懸念されている。一旦生態系への被害が発生すれば，
その回復は非常に困難である。また，偏西風にのって米国西海岸までの広域に
拡散・移動するものもあり，わが国では日本海側で顕著に観測されている。国
立環境研究所の調査では，日本で観測されるSOxの内訳は，中国起源のもの
が49％，続いて日本21％，火山13％，朝鮮12％と，順に寄与している。

　酸性雨の問題は，産業革命以降急激に進んでいることから，人間の活動によ
る大気汚染との因果関係は強いと考えられる。

2-8-4　酸性雨の被害

1　森林への影響

森林被害は，酸性雨に加えて，硫黄酸化物，窒素酸化物，オゾンなどの大気汚染物質，病虫害など様々な要因が複合的に作用して発生すると考えられている。日本でも酸性雨によって木々が枯れる現象はよく知られている。強い酸性雨を浴びると木々の表面に悪影響を受けるが，枯れる原因はこれだけではなく，酸性雨が降り続けると土壌が酸性化し，植物に有害なアルミニウムや重金属イオンが溶け出す。すると酸性物質はそのまま水分を通じて樹木の内部に入り込み，酸性化に敏感な植物の場合，枯死を引き起こす。このとき枯れなかった樹木も，木々の抵抗力を著しく低下させ，猛暑・寒波や干ばつに耐えきれず，樹木がいっせいに枯れてしまうという現象が起こる。特に，ヨーロッパ，北米，中国を中心に森林が被害を受けている。酸性雨被害の深刻な森として有名であるドイツのシュヴァルツヴァルト（黒い森）は，西ドイツの森林の半分以上が酸性雨被害を受けたといわれている。チェコ西北部，ポーランド南部，旧東ドイツ東部の山岳地帯は「黒い三角地帯」として知られている。その被害状況をヨーロッパでは酸性雨のことを「緑のペスト」と呼んでいる。また，近年中国では酸性雨を「空中鬼」という名前で呼ぶこともある。

2　湖沼・河川への影響

酸性雨は土壌のみならず，河川や湖沼も同様に酸性化し，魚類の生育を脅かす。魚類は本来水質の変化にとても敏感で，異なる条件下の水質では同じ種類の魚は住めない。魚類は，塩分濃度，特に酸性化に対しては敏感で，河川や湖が酸性化されると環境の変化に対する許容量が小さい小魚は耐えきれずに死んでしまう。基本的に大きな魚は環境の変化と汚染物質に対する許容量が大きく，小魚は小さくなっている。小魚が減ると大型の魚類はえさがなくなり死んでしまい，最後には死の河川や湖になってしまうのである。

3　石像等への影響

酸性雨は，カルシウム分や石灰質を溶かしてしまうため，自然界の産物に被害を及ぼすだけではなく人間の作った屋外にある銅像や歴史的建造物を溶かすなど，国々の貴重な文化財に被害を及ぼしている。もっと身近なところではコ

ンクリートやセメントで造られた橋や建造物，金属などを腐食させ被害を及ぼしている。

4　二次災害（砂漠化・建造物）

酸性雨により，大規模な森林の樹木の枯死がいっせいに発生すると，過剰伐採され砂漠化の原因ともなりうる。今後，酸性の濃度が強まれば，列車のレールなどが腐食した場合に脱線事故等が起こるなど，溶かされるものがさらに広まり被害が拡大する可能性は高い。

2-8-5　大気汚染物質とともに運ばれる黄砂現象

1　黄砂現象とは

近年，中国，モンゴル，さらに遠いカザフスタンなどからの黄砂の飛来が大規模化して，中国，韓国，日本等ではその対策が共通の関心事となっている。従来，黄砂は自然現象と考えられていたが，近年では，過放牧や耕地の拡大，地球温暖化による乾燥化等の人為的な要因も影響していると指摘されている。黄砂が大量に飛来すると遮光障害により農作物に被害が現れ，人への影響としては痰，眼のただれ，鼻水などの呼吸器系疾患が増える。また，車や洗濯物を汚したり視程が悪くなり交通機関にも影響が現れる。しかし，わが国への黄砂の飛来は悪影響のみでなく良い影響もある。黄砂の物質がアルカリ性の炭酸カルシウムが主成分であることから，黄砂に酸性ガスが固着すれば，酸性雨は中和される。飛来する黄砂は日本国内の酸性雨を，１～２割中和させる能力があるとされている。黄砂はリンやカルシウム，鉄などの無機養分が付着しており，海に降下すると鉄分などの供給源となり，植物プランクトンが増え，海の生産性が向上する可能性が高いことから日本海が好漁場になるとされている。

2　日本で観測される黄砂

日本全国の気象台等では，大気中に浮遊するエーロゾル（半径0.001～10μm程度の微粒子）の観測を行っている。空中を浮遊しているエーロゾルの観測では，大気の混濁している状態を目視で行い，10km未満の視程を確認した時を黄砂（ダスト）としている。黄砂観測では，開始時間と終了時間，決められた観測時間の視程などを記録している。

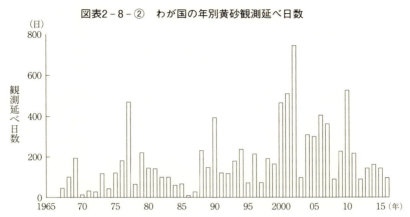

図表2-8-②　わが国の年別黄砂観測延べ日数

注1）　1日に5地点で黄砂が観測された場合，延べ日数は5日として集計している。
出典：気象庁データより作成。

　わが国に運ばれ観測される黄砂は，4月が最も多く，次いで3月，5月で，黄砂は春に多く観測される。また，2010年11月の観測日数は107日もあり，近年，10月や12月などの秋や冬にも観測されるようになった。
　2010年の黄砂観測日数（国内の気象官署のいずれかで黄砂現象を観測した日数）は41日，黄砂観測延べ日数（国内の気象官署で黄砂現象を観測した日数の合計）は514日で2002年に次ぐ観測日数の多い年となった。3月16日には国内の観測地点59地点中25地点で，3月21日は56地点で広く黄砂を観測した。
　1967～2016年の黄砂観測延べ日数を図表2-8-②に示す。2000年以降の黄砂観測延べ日数は2003，2008，2009年を除く2000～2010年には300日を超え，黄砂観測日数もほぼ毎年30日を超えることが多かった。最も延べ日数が多かったのは，2002年の743日，黄砂観測日数も2002年が47日と最も多かった。このことから，近年わが国の黄砂日数は増加傾向を示しているように見えるが，黄砂は年々変動が大きく，長期的な傾向は明瞭に現れているとはいいがたい。

2-9　海　洋　汚　染

　海は地球の表面積の約7割を占め，古くから漁業，交通，通商などに利用されてきた。広くて世界中をつないだ海洋は，人間活動によって多くの種類の不要物を受け入れてきた。本来，海洋における多少の汚染は自然に備わっている浄化能力によって処理できるが，人間活動によって排出される汚染物質の量が多いと，自然の浄化能力だけでは処理しきれないため，一部で海洋汚染が進んでいる。最も汚染が顕著な海域は先進国の周辺海域である。海洋汚染とは，「海の生物や人間の健康，漁業などの営みに有害なものを人間が，直接，または間接的に海に持ち込むこと」と定義され，その原因は，陸にある発生源からの汚染（河川，パイプライン，排水口なども含む），海底における活動による汚染，投棄による汚染，船舶からの汚染，大気を通じての汚染である。海洋汚染の種類には，産業廃棄物，発泡スチロールやプラスチックなどの海洋浮遊物によるものや，工場排水，タンカー事故などによる油の流出，生活排水など様々なものがあり，自然環境や野生生物の生態系に大きな影響を与えるものとして，国内外で深刻な問題となっている。このため，各国は廃棄物の海洋投棄，海上焼却に関する規制を定めた「ロンドン条約」などの国際条約に参加し，海洋汚染防止に取り組んでいる。

　わが国でも，東京湾，伊勢湾，瀬戸内海の半閉鎖性海域において工場排水や

Topic ⑫　ナホトカ号事件

　1997年1月13日，ロシアのタンカー，ナホトカ号はC重油1万6,000kℓを積載してロシアのカムチャツカ半島にあるペトロパブロフスク港へ向かう途中，島根県隠岐諸島の沖で，嵐のため船首部を折損沈没し，推定で約6,240kℓの大規模な重油流出事故を引き起こした。原因としては老朽化によって薄くなった船の鉄板が波浪による外圧に耐え切れず，破壊したものとされている。事件後，多数の地域住民，ボランティア，官公庁職員，自衛隊員等が献身的に油回収作業にあたったが困難を極め，油防除態勢，回収費用の負担，事故防止対策などに多くの課題が残された。

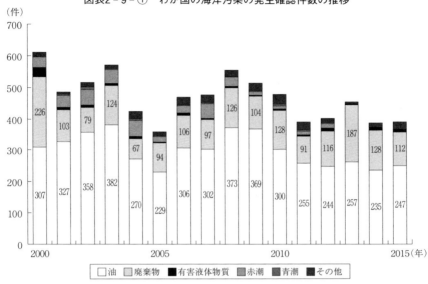

図表2-9-① わが国の海洋汚染の発生確認件数の推移

出典：海上保安庁「平成27年度の海洋汚染の特徴」より。

　生活排水の流入で発生する富栄養化による赤潮や青潮などの汚染，魚網や船底に塗られたトリブチルスズによる魚介類への被害，外国からの海岸漂着物などの海洋汚染が問題になっている。また，近年，船舶から排出されるバラスト水による外来生物の侵入などに伴う環境影響や，日本周辺海域において廃油ボールやプラスチック等の海面漂流物などの廃棄物の漂流・漂着ごみに伴う環境影響も明らかになっている。

　世界の海洋で船舶による流出事故は後を絶たない。油膜はタンカールートを中心にみられることも特徴である。日本でも重油の流出事故は相次いで発生している。最も大きな事故として1997年に日本海の島根県沖においてロシア船「ナホトカ号」から6,240kℓの大量の重油が流出，日本海沿岸に漂着し，貝類および海草類などの水生生物や海鳥など生態系が被害を受けたほか，岩ノリなど漁業や観光産業にも大きな打撃を与えた（→Topic⑫）。

　環境省の2016年度海洋環境モニタリング調査では，2004年度と同様に廃棄物

の海洋投入処分による汚染を対象とした調査で，1985年頃をピークに減少傾向であるものの，底質調査では過去の調査結果と比較して概ね同程度の値で検出された。プラスチック類等調査では，これまでと同様に，試料のサイズが小さくなるにつれて個数が多くなる傾向が見られた。いずれの海域も，人の健康に影響を及ぼす恐れはないと判断されるものの，これらの事例は人為的な影響が沖合域に及んでいることは事実であることから，生態系の保全の観点からも，今後も継続的モニタリングは重要である。

　2015年までの日本周辺海域における海洋汚染（油，廃棄物，赤潮等）の発生確認件数の推移を**図表2-9-①**に示す。2000年が610件，2003年が571件と多く，2008年は555件で2007年に比べると78件増加している。最近の5年間の海洋汚染の割合は，油汚染が64％と最も多く，次いで廃棄物汚染が32％で，赤潮や青潮の調査は取りやめられた。2015年の油汚染の原因は，船舶からの排出が62％で，取扱不注意が74件，故意が29件と人為的要因が57％を占める。廃棄物汚染の94％が陸域からで，その原因は一般市民による不法投棄が50％，漁業関係者による不法投棄が45％で，そのほとんどは故意による廃棄物の排出によるものであった。

2-10　森林破壊

　世界の森林面積は約40億ヘクタールで全陸地面積の約31％を占めているが，8000年前に比べ2／3が消滅している。「世界森林資源評価2015」によれば，1990年以来，南アフリカとほぼ同面積にあたる約1億2,900万 ha の森林が消失したと報告され，世界の森林は今，この瞬間も減少を続けている。2001〜2010年までの10年間に年間1,300万 ha もの森林が失われた。1990年代の年間1,600万ha に比べれば減少速度は緩くなっているものの，依然，広大な面積の森林が失われ続けている。特に，アフリカ，中南米および東南アジアなどの熱帯林を中心に急激に減少している（**図表2-10-①**）。一方，中国の大規模な植林事業

図表2-10-① 世界の森林面積の年平均増減面積

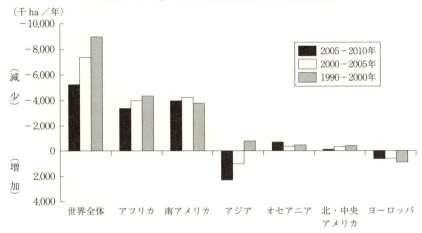

出典：FAO『Global Forest Resources Assessment 2010』より作成。

図表2-10-② 森林面積の減少面積の大きな国ベスト10 （2000-2010年）

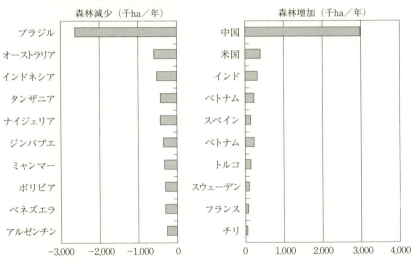

出典：FAO『Global Forest Resources Assessment 2010』より作成。

図表2-10-③　わが国における木材の供給量と自給率

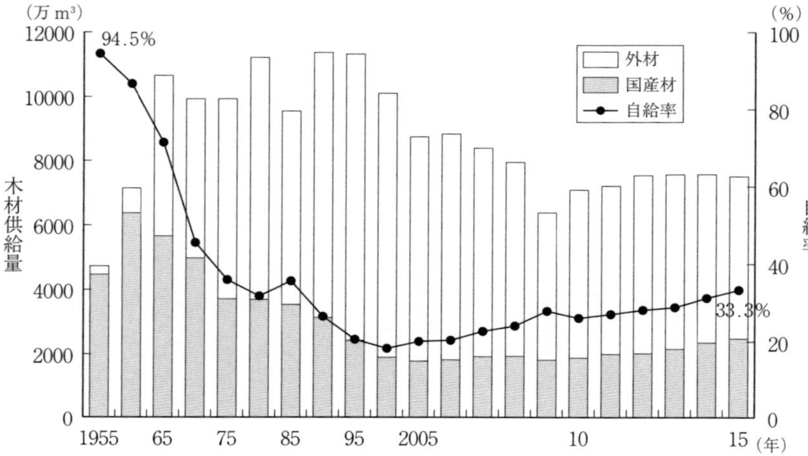

（万m³）　　　　　　　　　　　　　　　　　　　　　　　　　　　　　（％）

木材供給量

自給率

凡例：外材、国産材、自給率

94.5%

33.3%

出典：林野庁「木材需給表」より作成。

や欧州の温帯林が増えているが，世界全体での森林の純消失面積は年間520万
ha，日本の国土の約14％にあたる森林が地上から消えたのである。森林面積の
増減には地域的な偏りがみられる。特に森林減少が顕著な国は，ブラジル，イ
ンドネシア，アフリカの熱帯諸国で，豊かな熱帯林が急速に失われている。
オーストラリアでは2000年以降発生している深刻な干ばつや森林火災により森
林減少しており，ブラジルに次いで第2位となっているほか，タンザニア，ナ
イジェリアやミャンマーでも近年減少傾向を示している（図表2-10-②）。
2010年の世界の木材消費量は2000年に比べ15％増の38億4,000万m³となり，ア
ジア，アフリカを中心に薪炭用材，北中米，アジア，ヨーロッパを中心に産業
用材で増加するとされている。

　森林減少の原因は，プランテーション開発等農地への転用，非伝統的な焼畑
農業の増加，燃料用木材の過剰採取，森林火災等であり，さらに，森林減少の
原因を誘発している違法伐採などの不適切な森林伐採が森林劣化の大きな問題
となっている。このような森林破壊にはわが国も一役かっている。わが国の近
年の木材供給量は7,500～9,000万m³程度で推移しているが，その多くは1975年
までは輸入による外材で，約8割を輸入に頼っていた（図表2-10-③）。国産

材の自給率は1970年代に急激に下がり2000年には19％まで下がり，それ以降やや外材の輸入が減り，2015年に33.3％まで回復している。紙の消費量でみても，2015年の日本人1人1年に210.9kgで，減少傾向を示しているものの依然世界トップクラスの水準である。

　このような森林減少・劣化は，地球温暖化，砂漠化や生物多様性の喪失につながっている。森林には，樹木の光合成によって二酸化炭素を吸収し，炭素を樹体内に蓄積するほか，土壌中にも，大量の炭素が貯留される機能がある。

　2014年に公表されたIPCC（気候変動に関する政府間パネル）の第5次評価報告書によると，世界の温室効果ガス排出量の約25％は，森林破壊，土壌・養分の管理からの農業由来排出，家畜が主な排出源とされている。気候変動の影響を緩和する重要な役割として，炭素の吸収を増加させるには新規の植林，持続可能な森林経営及び森林減少の抑制であり，農地・牧草地管理等がある。

　また，森林は，土壌浸食防止・水源涵養機能（天然のダム），地域文化・住民生活の保全など地域にもたらす公益的機能がある。

2-11　砂　漠　化

2-11-1　砂漠化とは

　砂漠とは降水量が少ないために土壌が乾燥して，植生がほとんどない地域をいう。もともと砂漠であった地域は，砂漠化の対象にはならず，砂漠化は砂漠化対処条約で「乾燥・半乾燥・乾燥半湿潤地域における気候上の変動や人間活動を含むさまざまな要素に起因する土壌劣化」と定義されている。砂漠化の程度が高い地域は，サハラ砂漠の南側のサヘル，中東諸国，中国の西北部などの地域で，砂漠化が進行している。もちろん，北アメリカやオーストラリア大陸でも見受けられるが，人口増加が著しいアフリカが最も大きな問題になっている。砂漠化の影響を受けている土地面積は，約36億haで，全陸地の1／4に当たり，日本の面積の95倍に相当する。砂漠化の影響を受けている人口は約10億

図表2-11-① 大陸別の耕作可能な乾燥地における砂漠化の割合（2005年）

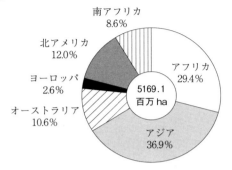

出典：環境省編『平成18年度版環境白書』より作成。

図表2-11-② 砂漠化および土地荒廃を引き起こす因果関係

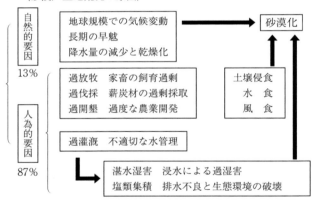

出典：鳥取大学乾燥地研究センターホームページより。

人（世界人口の約1／6）で，そのうち6億人が栄養不足で，開発途上国に集中している。耕作可能な乾燥地における砂漠化地域の割合を大陸別にみると，アフリカとアジアで66％と全体の2／3を占めている（図表2-11-①）。世界の乾燥地は，陸地の41％を占め，そこに世界人口の1／3に当たる20億人以上が暮らしている。乾燥地に住む人々の大半の生活は厳しく将来の見通しも安定しない。砂漠化は，さらに貧困を悪化させ新たな貧困を生み出す。2005年の推計では，

図表2-11-③　乾燥地における人為的要因別土壌の劣化面積（極乾燥地域は除く）

（単位：100万 ha）

地　　域	乾燥地面積	うち土壌の劣化面積					
		過放牧	樹木過伐採	過開墾	不適切な土壌・水管理	その他	小　計
アフリカ	1286.0	184.6	18.6	54.0	62.2	0.0	319.4
ア ジ ア	1671.8	118.8	111.5	42.3	96.7	1.0	370.3
オーストラリア	663.3	78.5	4.2	0.0	4.8	0.0	87.5
ヨーロッパ	299.6	41.3	38.9	0.0	18.3	0.9	99.4
北　　米	732.4	27.7	4.3	6.1	41.4	0.0	79.5
南　　米	516.0	26.2	32.2	9.1	11.6	0.0	79.1
計	5169.1	477.1	209.7	111.5	235.0	1.9	1035.2

出典：UNEP『World Atlas of Desertification:Second Edition』London, Arnold, (1997)
をもとに作成。

砂漠化は乾燥地の10〜20％で生じている。

2-11-2　砂漠化の原因

　図表2-11-②に砂漠化を引き起こす因果関係を示す。砂漠化の原因には，自然的な要因（13％）と人為的な要因（87％）に大きく分けられる。人為的要因が大きいが，自然的要因と相互に影響し合う悪循環がより一層砂漠化を進展させる。自然的要因には，地球規模で生じている気候変動，長期の干ばつ，降水量の減少と，これに伴う乾燥化であり，人為的要因は，人間の活動が原因で起こる砂漠化で，ヤギやヒツジなどの家畜を過剰に飼育する過放牧，燃料用の薪や住居用の木材を過剰に伐採する森林減少，農業開発のために過度に原野の開墾などによって，風食，水食による土壌侵食が起こる。また，不適切な水管理，つまり過剰な灌漑による圃場の湛水，浸水による過湿害が問題となっている。さらに，排水不良と強い蒸発によって土壌面に塩類が集積して，農地を放棄することもある。これらが，砂漠化の原因になっている。これらの背景には，開発途上国における人口増加，貧困，市場経済の進展等の社会的・経済的要因が関係している。砂漠化が拡大すると，動植物の生息地は減少し，生物多様性が

低下，土壌劣化による食糧生産基盤への被害，塵芥の影響，水資源がなくなるほか，わが国には多くの黄砂が運ばれるようになる。

　乾燥地における人為的要因別土壌の劣化面積を示す（**図表2-11-③**）。乾燥地面積はアジアとアフリカ地域に多く，過放牧と不適切な土壌・水管理が土壌劣化の原因となっている。樹木の過伐採ではアジアとヨーロッパで，過開墾ではアフリカとアジアにおいて顕著に土壌劣化している。

2-12　生物多様性の喪失（野生生物の減少）

2-12-1　生物多様性とは

　地球上には，なじみ深い鳥類やほ乳類から，魚類，昆虫，植物，さらに水中や土中に棲む微小な動物やプランクトン，菌類，バクテリアなどまで非常にたくさんの生物種が生息している。その種の密度は地域によってバラバラで，地域毎にそれぞれ異なった生態系を作っており，環境適用下でバランスを保っている。生態系の物質循環は，生産者，消費者，分解者がバランス良く機能する食物連鎖をなしている（**図表2-12-①**）。植物連鎖とは，植物が光合成により無機養分から有機養分を生産し（生産者），その植物を昆虫などの動物が食料とし（消費者），微生物や菌類などが動植物の老廃物や死骸を分解し（分解者），分解された物質は無機栄養分となって土壌に供給され，再び生産者に利用される循環をいう。

　「生物多様性」とは，自然生態系を構成する動物，植物，微生物など地球上の豊かな生物種の多様性とその遺伝子の多様性，そして地域ごとの様々な生態系の多様性をも意味する包括的な概念である。地球の生態系の中では生物が刻一刻と生まれては死に，エネルギーが流れ，水や物質が循環している自然界の動きも視野に入れた考え方である。生物多様性とは，地球上の生物の多様さとともにその生物環境の多様さを表す言葉でもある。また，生物は様々な変異性や多様性を包括的に表していて，遺伝子，種，生態系の3つの異なるレベルで

図表2−12−① 生態系の物質循環

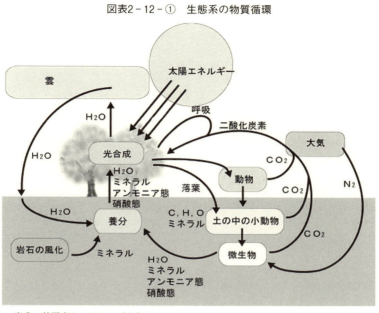

出典：林野庁ホームページより。

捉えられることが多い。遺伝子レベルの多様性とは，ある生物種の遺伝的変異を指す。種レベルの多様性は，ある地域にどれだけ多様な生物種が存在しているかで表される。そして，生態系レベルの多様性は，ある地域に樹林・草原・湿地といった様々な生態系がどれだけ存在するかで示される。一般に生物種の数は，豊富な太陽エネルギーが欠かせないため，温帯の方が寒帯よりも多く，熱帯の方が温帯よりもさらに多く分布している。人類を含むこれらの生物が生きる場所を生物圏と呼び，地球表面のごく薄い層の中で多様な生物が相互に関わり合いながら生態系を構成し，豊かな自然を育んでいる。人類は，他のあらゆる生物と同様に生態系を構成する一員であり，生存するには栄養源としての水と食塩以外は，動物・植物種を摂取し続けなければならない。そのためには，植物を栽培し，動物を飼育することにより作物や家畜を作り出してきた。毎日食べている米，小麦，トウモロコシ，オレンジ，コーヒー等は，もとはといえば野生生物からの贈り物である。人類の生息環境を保全することは，生物多様

性を保全することであり，保全して初めて好ましい環境を次世代へと引き継ぐことができるのである（→3−10参照）。

2-12-2　野生生物の減少

　38億年前に，地球上に生命が誕生して以来，進化の過程において多くの種が出現する一方，気象や地形などの環境の変化や種間の競争により多くの種が姿を消してきた。地球の歴史とともに，生態系は，古生代，中生代，新生代と変化し，今後もさらに変化するものである。このように，数百年前まで種の絶滅は一部であったが，現在は人間活動，特に動植物の生息地の破壊によって，過去にないスピードで進んでいることが問題となっている。地球上に存在する野生生物種の数は，学問的に確認されている種が約175万種あり，未知の種をあわせた推計値は，300万〜1億1,100種の幅があり，最良推定値では1,000万種程度とされている。種の分布域は，寒帯に1〜2％，温帯に13〜24％，そして世界の陸地面積の7％しかない熱帯に74〜86％と最も多く分布している。この熱帯林では1日当たり74種類もの生物が絶滅していると推定されている。

　野生のトラはこの100年間に95％減少し，地球上には現在わずか5,000頭が生息するのみとなっている。また，最近の20年間にマングローブ林が35％破壊され，野生生物の総個体数も40％減少したと報告されている。国内では，沖縄のサンゴの減少や，東京湾の底棲魚介類の動態の変化，尾瀬でのシカ食害による高山植物の減少などが顕著な例として挙げられる。サンゴは海水温の上昇，オニヒトデの急増，赤土や栄養塩の流入など，さまざまなストレスにさらされている。図表2−12−②には，化石などの調査からマイヤーや国連が推定した恐竜時代からの絶滅の速度を示す。人間活動による影響で，種の絶滅速度は近年急速に速まっており，1975〜2000年の絶滅速度は1900年と比べて4万倍の速さである。2008年の世界自然保護会議で哺乳類の1／4が絶滅の危機に瀕していることが明らかにされ，2025年までに世界全体の1／4に当たる6万種もの植物種も絶滅する可能性があるとされている。

　さらに，今後，地球温暖化により二酸化炭素濃度が現在の2倍となった場合には，陸上に現存する生物生息地の35％が破壊される可能性があると予測され

図表2-12-②　種の絶滅速度（推定値）

区　　分	速度（種／年）
恐竜時代	0.001種（1000年に1種）
1万年前	0.01種（100年に1種）
1000年前	0.1種（10年に1種）
1600年〜1900年	0.25種（4年に1種）
1900年〜1960年	1種（1年に1種）
1960年〜1975年	1,000種（9時間に1種）
1975年〜2000年	40,000種（13分間に1種）
2000年〜	63,000種（7分間に1種）

出典：N.マイアース／林雄次郎（訳）『沈みゆく箱舟』より。

ている。図表2-12-③に示すように1600年以降に急速に絶滅が進み，確認された種だけでも800種以上に上る。また，2016年版の世界自然保護基金（IUCN）レッドリストに掲載された絶滅のおそれの高い（近絶滅種・絶滅危惧種・危急種）とされる動植物は2万3,928種が記載されている。2008年より7000種の増加である。特に哺乳類・鳥類・両生類の危機が明らかにされた。過去400年に絶滅した哺乳類の45〜50％，鳥類の35〜40％が20世紀になってから絶滅したようである。

　2016年に存在するとされている生物の種数は173万5,220種で，その3.5％（6万1千種）が絶滅危惧種にランクされている。2016年の動物の絶滅種数の割合をみると，魚類が19.0％，両生類16.8％，鳥類11.2％，哺乳類9.8％，爬虫類が8.0％の順で，哺乳類は現存する約10％以上が，魚類については19％の種が絶滅のおそれがあるとされている。植物についてみると，世界に現存するとされる種数は36万2,702種のうち，絶滅危惧種数は1万1,577種（3.2％）にも上る。日本の植物の近年の絶滅危惧数の割合も大きい。2015年までの既に絶滅した数は動物が50種，植物種が78種，絶滅のおそれのある種の植物が2,953種，動物が2,690種で，特に海洋生物が最も多く，次いで昆虫類である。日本の乱獲や生息環境の悪化により絶滅危惧種に認定された動物に，ツキノワグマ，ジュゴン，クロマグロ，オオワシ，エゾシマリス，アホウドリ，アオウミガメ，イシ

図表2-12-③　1600年〜現在の絶滅種数，絶滅のおそれのある生物種数

分　類		絶滅の恐れのある生物種数				絶滅危惧種数（IUCN）	
		絶滅種	近絶滅種	絶滅危惧種	危急種	世　界 I＋Ⅱ類	日　本 I＋Ⅱ類
動物	哺乳類	79	205	474	529	1,208	33
	鳥　類	134	218	416	741	1,375	97
	爬虫類	22	196	382	411	989	36
	両生類	36	545	848	670	2,063	22
	魚　類	67	455	643	1,245	2,343	167
	無脊椎動物	478	986	1,173	2,179	4,338	982
	動物合計	737	2,582	3,885	5,645	12,316	1,337
植　物		116	2,493	3,564	5,430	11,577	2,259
その他						35	
全ての合計種数		853				23,928	3,596

注1）　絶滅危惧種Ⅰ類とは，近絶滅種と絶滅危惧種，絶滅危惧種Ⅱ類とは危急種。
注2）　日本の絶滅危惧種数は環境省により2012，2013年に改訂された。
出典：IUCN レッドリスト 2012，2016年9月時点より。

カワガエル，イボヤモリ，イリオモテヤマネコなど多くの種がリストアップされ，近いうちに見られなくなると危惧されている。

　地球上から姿を消すよく知られている動物として，トラ，チンパンジー，チーター，カバ，ラクダ，アフリカゾウ，レッサーパンダ，ツキノワグマ，キリン，ヨーロッパバイソン，ハシビロコウ，オオワシなどが個体数の減少に拍車がかかっている。

2-12-3　野生生物の減少や絶滅の原因

　野生生物の絶滅の原因の99％が，人間活動によるもので，特に生息環境の破壊・悪化・分裂化による生息域の減少の影響が最も大きく，次いで乱獲，外来種・侵入種の影響，生態系の変化，食料不足，作物や家畜を守るための捕獲，偶発的な捕獲の順になっている（図表2-12-④）。また，野生生物種が最も減少しているアフリカ，中南米，東南アジアの熱帯林地域での焼畑移動耕作による森林の減少，過剰な薪炭材の採取，過放牧，無秩序な用材の伐採などが直接

図表2-12-④　野生生物を絶滅に追い込んでいる原因

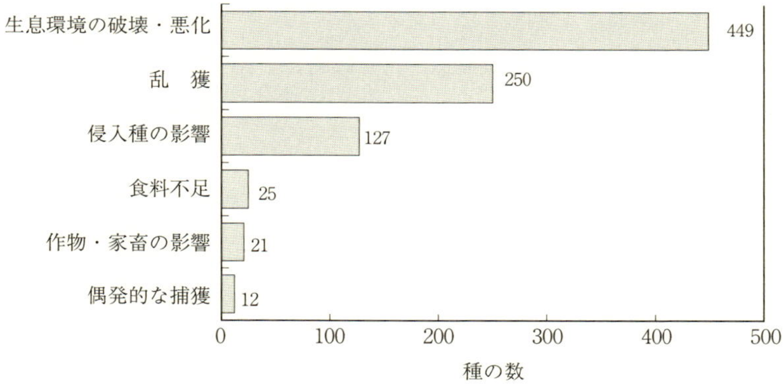

原因	種の数
生息環境の破壊・悪化	449
乱獲	250
侵入種の影響	127
食料不足	25
作物・家畜の影響	21
偶発的な捕獲	12

横軸：種の数（0, 100, 200, 300, 400, 500）

出典：IUCN（1986）調べ。

の原因となっている。これらの原因の背景には，貧困，内戦などによる社会制度の崩壊・不安定による政策や制度の不備，人口の急増などの社会的な要因がある。生物が消える原因は，哺乳類では33％が狩猟，乱獲等による利用過剰，鳥類は30％が乱獲と移入種，特に島に生息する絶滅のおそれのある鳥のうち67％は種の移入種が原因とされている。両生類は29％が汚染と気候変動，17％がツボカビ症による病気が原因とされている。海洋生物は利用過剰と生息地の喪失，淡水生物は生息地の喪失，汚染や移入種が原因とされている。以前の調査より乱獲や移入種の割合が増えている。生息地の破壊が特に深刻な地域は，熱帯林，サンゴ礁，ウェットランド（湿地，干潟，湿原，湖沼等）である。島しょ部では，熱帯林などの減少が野生生物の減少に大きな影響を与えている。これまで生息していなかった地域に外来種の侵入があると，捕食，競合，交雑などにより生態系の減少により自然がそれまでと比べて大きく変化し，在来生物が衰退し，経済的な被害や人の健康被害が現れることがある。現在の外来生物種の侵入のほとんどは人間が介在していることが多く，栽培，飼育，観賞用，木材や海砂などの輸入品，家畜飼料，ペットなどにより，様々な生物種が侵入している。

　また，近年，有害化学物質により大気，水質，土壌，底質を汚染し，開発途上国では開発による森の喪失，オゾン層破壊による有害紫外線の増加，地球温

暖化による生態系の撹乱，酸性雨による土壌の酸性化によっても生態系は破壊されつつあり，危険度も高まりつつある。

　生態系とは多くの生物とその環境が相互に関係し合って作り出す1つの世界であり，1つの種が絶滅すると，その種のみが絶えるのではなくその生態系のバランス全体が壊れてしまう。日本の湖沼にブラックバスやブルーギルなどの外来生物を安易に放流することやクローン技術も生物多様性の問題の1つである。生物種が単純化すると病気や気候変動で絶滅が起りやすくなりさらに悪循環を引き起こす。これ以上の種の絶滅は生態系を脅かすのみならず，人類の存在にも深刻な影響を及ぼすため，生態系のバランスを壊す様々な社会・経済・政治的な問題（人口，地球温暖化，森林破壊，砂漠化，海洋汚染，有害化学物質など）を横断的に考察することが重要である。

2-12-4　野生生物の減少（生物多様性の喪失）による影響

　野生生物の減少は，「生物多様性の危機」であり「種の多様性」の急激な喪失である。すなわち多くの生物種がかつてない速度で絶滅しつつある状況を意味する。

　生物多様性が喪失（野生生物が減少）すると，どのような影響が現れるのだろうか。生態系の喪失によってもたらされる種の多様性の喪失は，全地球の生物種の半数以上が生息するとされている熱帯雨林に生息する生物種の5～10%が今後30年間に絶滅すると予測されている。熱帯地域では主に経済発展に伴う開発が背景にあるが，一方で温帯地域でも酸性雨などによる森林の立ち枯れが目立ち，多くの生物が絶滅の危機にあることは確かである。

　なかには，地球上に何百万種以上もいる生物種の10%の種が絶滅することがそんなに深刻な問題なのかと疑問をもつ人もいるが，私たちは生態系を直接利用しているため，①食料，燃料，衣料品，医薬品，装飾品などの人類の生存を支える生物資源の他に，②調節的サービス（気候の調整，水の調整，疾病の制御，害虫の制御，受粉媒介，自然災害の制御など），③生態系から得られる非物質的な利益を得る文化的サービス（レクリエーション，エコツーリズム，生態系や生物に人間が見出す倫理的価値（精神的，宗教的，美的）など），④他の生態系サービスの

供給を支える基礎的サービス（窒素，リンなどの栄養塩循環，一次生産（光合成），水循環）のサービスも人類の生存を支えているのである。生物資源は人口が増えると利用がますます増え，生物資源が再生産できる限界を超えると，生物多様性の減少・不足へと導くことになる。遺伝子資源が喪失すると，医薬品の開発や農作物・家畜の品種改良に影響を与える。生態系の喪失の割合は途上国で大きいが，その多くは先進国で利用されていること，さらに学術研究，狩猟，釣り，自然観察などの観光，野外レクリエーションやペットの資源でもあることを忘れてはならない。

　最も根本的な問題は，生物多様性の喪失が進めば，密接に関わり合っていた地球上の様々な生物種との相互関係が成り立たなくなり，地球環境が崩壊し，人類の存続すら危うくなるということである。生物多様性の喪失は危機的な地球環境への警鐘である。地球上のすべての生物種は，激しい生存競争の一方で，相互に依存し微妙なバランスの下で生息する生態系というシステムの中でそれぞれ重要な役割を担っているが，人間がすべてその仕組みを理解している訳ではない。すべての生物種は一度絶滅すると人間が作り出すことは不可能である。

第3章 環境法・政策・制度

3-1 環境基本法

3-1-1 制定の背景

　戦後はじめて制定された環境に関する基本法は，公害対策基本法（1967年）である。同法は環境基準や公害防止計画の規定を盛り込み，高度経済成長時代に顕在化した公害を抑制するのに一定程度効果を上げた。

　しかし，自動車の増加や廃棄物の増大に伴う都市生活型公害の進行，1980年代以降の地球環境問題の顕在化などを背景にして，もはや時代の要請に合わないものとなってきた。このため，1992（平成4）年の環境と開発に関する国連会議の直前に，①健康，生活環境事象と自然環境事象にまたがる環境問題（廃棄物，地球温暖化）に対応した法体系の整備など行政の総合化と国際化，②都市生活型公害にみられる国民の日常生活に起因した環境問題解決の必要性，③環境問題の複雑・多様化に対応する環境アセスメント，経済的措置，環境教育などの新たな行政手法の拡大の必要性などを理由に，1993年10月の第128国会で環境基本法が可決成立した。

　国会審議の過程では，実体的権利として環境権を明記すべきではないかとの議論が行われたが，学説上も意見の一致をみていないこと，憲法25条1項（生存権条項）も同様の趣旨を有していることから認められなかった。

　同法は「基本法」であり，環境保全の分野における基本理念を示し，施策の基本を定めるものである。大半は施策の基本を示す訓示規定やプログラム規定*であり，個別法の制定や財政事情を勘案して実施されるものである。

　なお，福島第一原子力発電所事故を受け，放射性物質による汚染防止について原子力基本法と関係法律によるとしていた規定を除外し，原発敷地外への放

射性物質による汚染に対処することが可能となった。以下に，法の主な内容を
紹介する。

> ＊　基本的な理念や考え方を規定したもの。権利の主張や義務の負担には，個別法の規
> 定が必要とされる。

3-1-2　法の内容

1　目的（1条）

　環境の保全に関する施策を総合的かつ計画的に推進し，現在と将来の国民の
健康で文化的な生活の確保をめざし，人類の福祉に役立てる。ここでいう「総
合的」とは，各施策の連携を図り，国，地方公共団体，国民の取組みを促進す
ることを指している。

2　定義（2条）

　環境への負荷（1項），地球環境保全（2項），公害（3項）について規定して
いる。

　地球環境保全の定義からは，地球環境問題を「地球の全体又はその広範な部
分の環境に影響を及ぼす事態」として理解できる。この観点からは，条文に記
載されている地球温暖化，オゾン層の破壊，海洋汚染，野生生物の種の減少以
外に，酸性雨，砂漠化，森林破壊，有害廃棄物の越境移動を挙げることができ
るであろう。また，大気汚染，水質汚濁，土壌汚染，騒音，振動，地盤沈下，
悪臭の7つを「公害（典型七公害）」として定義している。

3　環境の保全と継承等（3条・4条）

　現在および将来の世代の環境の恵沢（めぐみ）の享受（3条）と，持続的発展，
予防原則（4条）について規定している。

　ここでいう「恵沢」とは，人間に対して環境が与える有形，無形の福利を指
す。また，「持続的発展」とは，前述のブルントラント委員会が出した「我ら
共有する未来（Our Common Future）」で示された「持続可能な開発」の考え方
である（→1-1-5参照）。

4　環境の日（10条）

　毎年6月5日が環境の日と定められた。1972年に国連人間環境会議の開催さ

れた世界環境ディを記念したものである。なお，別にこの日から1週間は環境
週間，6月は環境月間と定められている。

5　年次報告（12条）

政府*は毎年，国会に環境の状況と施策についての報告を提出する（1項）
とともに，今後実施を予定している施策をとりまとめ，提出（2項）しなけれ
ばならない。

> ＊　環境基本法で，「政府」という言葉を使うときは施策の具体的な実施主体を意味する。
> また，「国」という表現を使うときは立法府，司法府を含む総体としての国を意味する。

6　環境基本計画（15条）

政府は，環境の保全に関する施策の総合的かつ計画的な推進を図るため環境
基本計画を定めなければならない。この計画は環境大臣が有識者からなる中央
環境審議会の意見を聞いて案を作成し，閣議により決定される。

7　環境基準（16条）

政府は，大気汚染，水質汚濁（河川，湖沼，海域，地下水），土壌汚染（農作物，
生態系など），騒音（工場，道路，新幹線，航空機）の4種類について環境基準を
策定する。この基準は，健康保護と生活環境保全の両方についての維持される
ことが望ましい基準であり，いわば行政の努力目標である。したがって，最低
限度の規制として定められる許容限度や受忍限度とは趣旨が異なる（→**3-5-1**，
巻末：**資料2～10**）。

8　環境の保全上の支障を防止するための経済的措置（22条）

環境に負荷を与える行為を行うものに対する低利融資，税制優遇などの経済
的な支援措置（1項），および賦課金，環境税，デポジットなどの経済的負担
を課すこと（2項）を定める。

9　地方公共団体の施策（32条）

地方公共団体は，国に準じた施策，区域の自然的，社会的条件に応じた環境
の保全のために必要な施策を実施する。このうち，都道府県は広域にわたる施
策の実施や市町村が行う施策の総合調整を行う。

10　原因者負担（37条）

公害等に係る支障を防止するため，国，地方公共団体などの公的事業主体が

原因者に費用を負担させることを規定する。リオ宣言・原則16で定められた汚染者負担の原則（Polluter Pays Principle）の具体化（→3-3-1・1参照）である。わが国においては，汚染防止，制御措置の費用のみでなく復元や被害者救済費用を含むと解されている。プログラム規定であり負担を求めるには個別法の規定が必要である。

11 受益者負担（38条）

自然環境保全のための事業により，著しく利益を受けるものに対し，受益の限度に応じ費用を負担させる規定である。プログラム規定であり，負担を求めるには個別法の規定が必要である。自然環境保全法38条，自然公園法27条・28条のような規定が定められているように自然環境保全の分野に限定される。たとえば，自然公園内の公園事業により遊歩道が整備され，地域の商店街に著しい利益を生ずるような場合が相当する。ただし，湖底の浚渫^{しゅんせつ}により観光客が増加するような場合には37条の原因者負担で対応される。また環境改善による地価の上昇の場合は，別に土地基本法で規定されている。

12 中央環境審議会（41条）

環境大臣または関係大臣の諮問に応じ，環境の保全に関する重要事項を調査審議する有識者（学識経験者，マスコミ関係者，業界・NGO団体代表など）からなる機関。2017（平成29）年2月現在30名の委員が就任している。

13 地方環境審議会（43条・44条）

都道府県の環境審議会は必置であるが，市町村の環境審議会は任意設置である。

3-2 環境基本計画

環境基本計画は，環境基本法15条に基づき，政府が定める環境の保全に関する基本的な計画である。ほぼ5年ごとに計画の見直しを行うこととされている。1994（平成6）年にはじめて第1次環境基本計画が策定され，環境政策の理念として，「循環」「共生」「参加」「国際的取組み」が掲げられた。

2000（平成12）年にこれが改定され，第2次環境基本計画が策定された。この計画の特徴としては，①11項目の戦略プログラムの設定による重点課題の明確化と実効性の確保，②「汚染者負担の原則」「環境効率性」「予防的な方策」「環境リスク」の環境政策の指針の標榜，③あらゆる場面への環境配慮の織り込み，である。次いで，2006（平成18）年4月に第3次環境基本計画が策定された。副題は「環境から拓く新たな豊かさへの道」であり，テーマは「環境，経済，社会の統合的向上」である。「2050年を見据えた超長期ビジョンの策定」「可能な限り定量的な目標，指標による進行管理」を特徴としている。さらに2012（平成24）年4月に，第4次環境基本計画が策定されたが，2018（平成30）年を目途に第5次環境基本計画の策定作業が行われている。

ここでは，第4次環境基本計画の内容を紹介する。

3-2-1　第4次環境基本計画の概要

1　目指すべき持続可能な社会の姿

東日本大震災や原子力発電所事故を契機に，「安全・安心」という視点の重要性が高まった。人の健康や生態系に対するリスクが十分に低減され，「安全」が確保されることを前提として，「低炭素」「循環」「自然共生」の各分野が，各主体の参加の下で，統合的に達成され，健全で恵み豊かな環境が地球規模から身近な地域にわたって保全される社会としている。

2　今後の環境政策の展開の方向

以下の4つの考え方が提示される。

①政策領域の統合による持続可能な社会の構築……社会経済システムに環境配慮が織り込まれ，環境的側面から持続可能であると同時に，経済，社会の側面についても健全で持続的である必要がある。具体的には環境と経済を統合した取組として，製品・サービスの環境負荷のコストを市場価格に内部化することや製品使用後の段階でも適切な処理やリサイクルについて物理的または財政的な一定の責任を負うという拡大生産者責任の考え方，環境等の要素を評価基準として取り入れた環境金融も重要である。これらの様々な手法がポリシーミックスとして用いられる。また，環境分野の技術革新による経済発展を目指

すグリーンイノベーションを進め，環境保全型技術や製品の一層の開発や普及を進める取組みや環境産業の育成を図る取組が求められる。このほか，環境研究・技術開発の充実・活用，分野相互間の連携を視野に入れた取組の推進が必要である。

②国際情勢に的確に対応した戦略を持った取組の強化……環境問題も地球温暖化など国境を超える中で，国益と地球環境全体の利益の双方の観点からの戦略的な取組が必要となっている。従来，政府開発援助（ODA）により途上国向けに実施してきた国際環境協力は，新興国のグリーン成長を支援していく方向へと変化しつつある。

③持続可能な社会の基盤となる国土・自然の維持・形成……わが国には，森林，河川，海洋など多様な自然が存在し，時として災害をもたらす一方で，酸素や水資源の供給，二酸化炭素の吸収や災害時の被害の軽減，文化の形成といった様々な恩恵をもたらす。これらの自然環境を維持・回復し国土の価値を増大させるとともに，生態系サービスを持続可能な形で利用していくことが必要である。里山のような二次的自然の維持管理，有効活用が求められる。また，人口減少に転じる中で都市機能の集約化が必要になる。

④地域をはじめ様々な場における多様な主体による行動と参画・協働の推進……環境教育や意識啓発による一人一人の行動への環境配慮の織り込みとともに，行政，企業，NPO等の多様な組織や年齢，性別，職業を問わず多くの市民が環境保全の政策形成・決定過程や具体的事業，取組みに参画することが求められる。

3 環境政策の原則・手法

1単位当たりの物の生産やサービスの提供から生じる環境への負荷を減らし「環境効率性」を高めること，地球温暖化，生物多様性，化学物質への対策として，「環境リスク」（→3-3-1・3参照）を評価したうえで，科学的証拠が欠如していることをもって対策を遅らせる理由とすべきではないとする「予防的な取組方法」（→3-3-1・2「予防原則」参照）および「汚染者負担の原則」（→3-3-1・1参照）により政策を推進すべきであるとの原則が示される。

また，政策実施の手法として「直接規制的手法」「枠組規制的手法」「経済的

手法」「自主的取組手法」「情報的手法」「手続き的手法」（以上については**3-3-2**各種手法参照）が示され，政策を適切に組み合わせて政策パッケージを形成し，相乗的な効果を発揮させる「ポリシーミックス」が不可欠とされている。

4　環境政策の具体的な展開

9つの優先的に取り組む重点分野が示される。①経済・社会のグリーン化とグリーン・イノベーションの推進，②国際情勢に的確に対応した戦略的取組の推進，③持続可能な社会を実現するための地域づくり・人づくり，基盤整備の推進，④地球温暖化に関する取組，⑤生物多様性の保全および持続可能な利用に関する取組，⑥物質循環の確保と循環型社会の構築，⑦水環境保全に関する取組，⑧大気環境保全に関する取組，⑨包括的な化学物質対策の確立と推進のための取組。

続いて，震災復興，放射性物質による環境汚染対策として，「東日本大震災からの復旧・復興に際して環境面から配慮すべき事項」「放射性物質による環境汚染からの回復等」が盛り込まれている。

3-3　環境政策のための基本的な考え方と各種手法

3-3-1　基本的な考え方

1　汚染者負担の原則（PPP：Polluter Pays Principle）

1972（昭和47）年に OECD「環境指針原則勧告」（環境政策の国際経済面に関する指針原則の理事会勧告）に汚染者負担の考え方が示された。勧告の定義では，「希少な環境資源の合理的利用を促進し，かつ国際貿易および投資におけるゆがみを回避するための汚染の防止と規制措置に伴う費用の配分について用いられるべき原則」とし，「汚染者が受容可能な状態に環境を保つために公的当局により決められた上記の措置を実施するに伴う費用を負担すべきであること」，「換言すれば，それらの措置の費用は，その生産と消費の過程において汚染を引き起こす財及びサービスのコストに反映されるべきこと」を意味するとされ

ている。

1992（平成4）年のリオ宣言・第16原則にも採用され，「各国当局は，汚染者負担原則を考慮に入れつつ，公益に対し適切な配慮を払い，かつ，国際貿易や国際投資を歪曲することなく，環境コストの内部化および経済的措置の利用を促進するよう努力しなければならない」と謳っている。

前述のとおり，わが国では1993（平成5）年の環境基本法37条「原因者負担」でこの考え方が採用された（→**3-1-2**・**10** 参照）。

2　予防原則

科学的に不確実であっても放置すれば将来多大な損害が生ずる場合は，費用対効果の面からも，いま対策をとるべきとする考え方である。地球温暖化問題への国際的な対応の中でこの考え方が示された。1990（平成2）年にジュネーブで開催された第2回世界気候会議の会議声明，閣僚宣言で取り上げられるとともに，92年に採択された気候変動枠組条約3条（原則）3項で，「深刻な又は回復不可能な損害のおそれがある場合には，科学的な確実性が十分にないことをもって，このような予防措置をとることを延期する理由とすべきでない」とされた。

また，リオ宣言・15原則では，「深刻な，あるいは不可逆的な被害のおそれがある場合には，完全な科学的確実性の欠如が，環境悪化を防止するための費用対効果の大きな対策を延期する理由として使われてはならない」と謳っている。環境基本法4条の末尾にもこの考え方が盛り込まれている。

3　環境リスク

化学物質への対応の考え方を表すものである。1994（平成6）年の第1次環境基本計画は，「生産，使用，廃棄等の仕方によっては人の健康や生態系に有害な影響を及ぼすおそれのある化学物質について，未然に防止し，より安全な環境を確保するため，これらの化学物質が環境の保全上の支障を生じさせるおそれ（以下「環境リスク」という）をできるかぎり定量的に評価し，環境リスクを総体として低減させることをめざし，各般の施策を実施する」としている。

1999（平成11）年版環境白書は，「リスク」（risk）とは，人間の活動に伴う望ましくない結果とその起こる確率を示す概念とし，「影響の大きさ」に「発生

の不確かさ」を掛け合わせて評価すると記述している。その上で，各主体相互の情報交換を通じて，リスクに関する情報や認識を共有し，冷静な行動を促すというリスク・コミュニケーションが重要であるとしている。リスク・コミュニケーションとは，「生活者の理解を進める」ことを目的としているが，「生活者の合意を形成すること」ではなく，理解レベルを上げることである。

4 情報公開

　住民が行政機関から環境に関する正確な情報を入手し，自らの要求を行政機関に伝え，行動することが環境問題の解決に役立つ。

　リオ宣言・原則10は，「各個人が，有害物質や社会における活動に関する情報を含む，行政機関の有する環境に関する情報への適切なアクセスを有するべきであり，政策決定過程への参加の機会を与えられなければならない。各国は，情報を広く利用可能な状態にすることにより，公衆の自覚と参加を促進し，奨励しなければならない。賠償および救済を含む司法および行政手続きへの効果的なアクセスが与えられなければならない」としている。

　ヨーロッパ経済委員会（ECE）の環境閣僚会議で1998（平成10）年に採択された「環境に関する情報の取得，環境に関する決定過程への公衆参加および司法救済に関する条約」（オーフス条約，2001年発効）は，環境に関する情報の範囲を健康，安全，文化などの分野を含め広く捉え，すべての公的機関が随時情報を収集し，公開し，提供しなければならないこと，環境に関する決定過程への公衆参加および司法救済を受ける権利の保障（行政機関または第三者機関による不服審査も含まれる）を定めており，情報公開と公衆参加は環境問題の解決に不可欠となっている。

　わが国で情報公開の重要性が認識され，制度化されだしたのはリオ・サミットの開催時期と同じ頃である。先進的な地方自治体では，1980年代から情報公開条例を制定していたが，国は，1999（平成11）年に「行政機関の保有する情報の公開に関する法律」を制定し，法人情報に関し「人の生命，健康，生活または財産を保護するため，公にすることが必要であると認められる情報」について義務的開示を認めている。環境政策における情報公開の必要性は，93年の環境基本法制定時の国会審議においても議論され，現行法の中に，国の情報提

供の努力（27条）や民間団体等の自発的な活動の促進措置（26条）として規定されている。しかし，広がりと実質化の面では今なお十分とはいえない状況にある。

3-3-2 各種手法

環境問題が企業の排出物による汚染が原因で引き起こされているときは，企業の操業を規制するなど，比較的単純な手法により環境問題の解決を図ることができた。しかし，自動車排気ガスによる交通公害，廃棄物の増大，そして二酸化炭素の増加により引き起こされる地球温暖化問題などは，通常の事業活動や日常生活が原因として起こるものであり，規制以外の様々な手法により，あるいはそれらの組み合わせにより解決していく必要がある。以下では，現代の環境問題を解決するために使われる様々な手法について紹介する。

1 規制的手法

工場から大気や河川への汚染物排出による公害の場合，事業者に対する排出規制としてこの手法が使われる。たとえば，ばい煙，重金属，ダイオキシンなどの排出規制の場合に一定の濃度を超えた場合，この手法が用いられる。ばい煙規制の場合，改善命令違反に対して罰則が科せられる。

また，改正省エネルギー法におけるトップランナー方式もこの手法に属する。たとえば，自動車の燃費について，同排気量の中で最も燃費が良いものを選択し，将来の目標年に各メーカーが販売する同排気量の自動車の燃費の平均値がトップランナー以上とするものである。

なお，現行環境基本計画では上記の「直接規制的手法」のほかに，目的を提示してその達成を義務づけ，又は一定の手順や手続を踏むことを義務づけることにより規制の目的を達成しようとする「枠組規制的手法」があり，PRTR法による届出制度などがこれに当たる（→**3-8-3**参照）。

2 経済的手法

経済的なメカニズムを利用して排出物の抑制を図ろうとするものである。この手法としては，環境税，課徴金，税の優遇，排出量取引，デポジット制度がある。環境税は環境に負荷を与える汚染物を課税対象として課税する政策目的の税であり，価格効果による排出の抑制がねらいである。ヨーロッパ諸国で導

入されている炭素税，わが国の都道府県で採用されている産業廃棄物税がある。

課徴金は，不当な経済的利益を得た企業からその利得を徴収する行政手法で，違反行為や行政目的達成のため抑制しようとする行為に対し，金銭的負担を課す。関係者が広範か否か，受益，原因の程度を個々人で特定できるかにより環境税と区別している。

税の優遇としては，自動車税のグリーン税制がある。一定の基準を満たした超低燃費車や低公害車について税額を低減し，環境に負荷の少ない自動車の導入を促進しようとするものである。

また，排出量（権）取引は，二酸化炭素などの環境に負荷を与える物質の排出量を金銭で売買するものである。国際間で国と国とで取引する場合と，国内の企業間で取引する場合とがある。前者は京都議定書で定められた京都メカニズムの1つである。米国で1990年に酸性雨対策として硫黄酸化物の排出量取引が始まり，EUでは二酸化炭素の取引市場が開設されている。排出量の上限を定めて取引するキャップアンドトレード方式は効率性に優れているとされる。

デポジット制度は，飲食品を販売するときにあらかじめ容器の価格を製品価格に上乗せして販売し，容器が返却されたときにその料金を返却するものである。容器包装の回収率向上に貢献し廃棄物の減量化につながる。日本では酒やビール瓶，サッカー場などの飲料カップに導入されている。

3 自主的取組手法

自ら目標を掲げて自主的に取り組む手法である。日本経済団体連合会が2009年に策定した「低炭素社会実行計画」がこれに当たる。これは，鉄鋼，化学，セメントなどそれぞれ業界ごとに，原単位や総量などそれぞれ独自の目標を掲げて達成に向けて努力しようとするものである。これに対しては，法的拘束力をもたず達成の見込みがないとの批判もあり，毎年フォローアップが行われている。

4 情報的手法

環境負荷等に関する情報の開示と提供を進めることにより，消費者等の利害関係者の環境に配慮した行動を促進しようとする手法である。環境に配慮した製品に付けられるエコマーク*（財団法人日本環境協会，**図表3-3-①**），省エネ

ラベリングなどが代表的な例である。消費者はこれらのマークを目印に，環境に配慮した製品を容易に選択することができ，ひいては企業の生産活動にも影響を及ぼすという波及効果がある。

図表3-3-① エコマーク

出典：環境省ホームページ（http://www.env.go.jp/policy/hozen/green/ecolabel/a04_01.html）より。

＊ 様々な商品（製品およびサービス）の中で，「生産」から「廃棄」にわたるライフサイクル全体を通して環境への負荷が少なく，環境保全に役立つと認められた商品に付けられる環境ラベル。消費者が環境を意識した商品選択を行ったり，関係企業が環境改善努力を進めていったりすることにより，持続可能な社会の形成を図っていくことを目的としている。

5 手続き的手法

一定の手続きやシステムを通じ，環境に配慮した行動を誘導しようとするものである。環境マネジメントシステムの国際環境規格・ISO14001のように，環境に配慮したシステムを構築し，PDCAサイクル（plan：計画，do：実施，check：点検，action：見直しを繰り返すことにより継続的な改善を行うこと）に基づき不断に環境改善の取組みを行う場合（→**4-2-1**参照）や，環境アセスメント制度により，事業の実施前に環境への影響を評価し，できるだけ環境への悪影響を緩和する方向で事業を進めようとする手法がある。

3-4 環境アセスメント（環境影響評価）

交通の便を良くするために道路や空港を作ったり，水を利用するためにダムを作ったり，生活に必要な電気を得るために発電所を作ったりすることは，人々の生活を豊かにするために必要であるが，開発事業によって環境に悪影響を与えてよいはずはない。環境アセスメント（環境影響評価）とは，開発事業の内容を決めるに当たって，それが環境にどのような影響を及ぼすかについて，

図表3-4-① 環境アセスメントの手続きの流れ

国 民 等	都道府県知事・市町村長	事 業 者	国　等

第1種事業　　　第2種事業

計画段階の環境配慮

配慮事項の検討結果
（配慮書）

環境大臣の意見

意　見

意　見

主務大臣の意見

※第2種事業の場合，計画段階配慮の環境配慮の検討は
任意で実施します。

対象事業に係る
計画策定

対象事業の決定

第1種事業　　　第2種事業

第2種事業の判定
（スクリーニング）
※スクリーニングは第2種事業
のみ実施します。

意　見
（都道府県知事）

事業概要　届出　主務大臣

判　定

アセス必要

環境アセスメント方法の決定（スコーピング）

アセスの項目・方法の案
（方法書）

法によるアセス不要

意　見

意　見

地方公共団体のアセス条例へ

公表後の1カ月半の間，誰でも
意見を出すことができます。

市長村長の意見を聴いて都道
府県知事が意見を出します。

環境大臣の意見

※対象事業の影響範囲が政令で定める一つの市の区域に限られる
場合，市から事業者へ直接意見が提出できます。

アセスの項目・方法の決定

主務大臣の助言

環境アセスメントの実施

調　査

予　測

評　価

対策の検討

事業者が十分に調査・予測・評価・
環境保全対策の検討を行います。

環境アセスメントの結果について意見を聴く手続

アセス結果の案
（準備書）

意　見

意　見

環境大臣の意見

公表後の1カ月半の間，誰でも
意見を出すことができます。

市長村長の意見を聴いて都道
府県知事が意見を出します。

アセス結果の修正
（評価書）

免許等を行う者等の意見

※対象事業の影響範囲が政令で定める一つの市の区域に限られる
場合，市から事業者へ直接意見が提出できます。

アセス結果の確定
（補正後の評価書）

環境アセスメントの結果の事業への反映

免許等での審査

事業の実施

環境保全措置の実施

事後調査の実施

環境大臣の意見

環境保全措置等の結果の報告・公表

報告書の作成

免許等を行う者等の意見

報告書の公表

――→ 手続の主な流れ　　……▶ 手続への関わり

出典：環境省「環境アセスメント制度のあらまし」より作成。

第3章　環境法・政策・制度

104

あらかじめ事業者自らが調査・予測・評価を行い，その結果を公表して国民，地方公共団体などから意見を聴き，それらを踏まえて環境の保全の観点からよりよい事業計画を作り上げていこうという制度である。温暖化や廃棄物，生物多様性などすべての環境に総合的に対応し，「持続可能な社会・環境」をめざすものである。

　そのための技術・社会システムで，それを具体化するために，環境基本法（平成5年法律第91号）19条では，「国は環境に影響を及ぼすと認められる施策の策定・実施に当たっては，環境保全について配慮しなければならないもの」と規定されている。豊かな自然，きれいな空気や水，静けさといった環境を引き継ぐことは私たちに課せられた義務である。

3-4-1　環境アセスメントの機能

　環境アセスメントの機能として以下の5つが挙げられる。①あらゆる計画や事業に環境保全を取り込む，②事前に環境影響を調べ，対処策を考える，③広く様々な人から情報収集をする，④社会への情報提供や説明を行う，⑤適切な意思決定をする。

3-4-2　環境アセスメント制度の経緯

　環境アセスメント（環境影響評価）は，公害や自然破壊が社会的な問題となってきたことを受けて，1960年代後半，港湾法，公有水面埋立法が改正され，港湾計画の策定や公有水面の埋立免許に際し，環境に及ぼす影響について検討されるようになった。1969年，世界で最初にアメリカで「国家環境政策法」により制度化され，その後，世界各国で次第に制度化されつつある。

　わが国では，環境アセスメントの取組みは早く，1972（昭和47）年6月に「各種公共事業に係る環境保全対策について」の閣議了解を行い，事業実施主体に対し，行政指導の形式で行われるようになったが，実施主体の自主的取組みでしかなかった。81年には「環境影響評価法案」が国会に提出されたが廃案となり，84年に「環境影響評価の実施について」が閣議決定し実施することとなったが，これも法律ではなく行政指導による閣議アセスであった。

図表3-4-② 環境影響評価法に基づき実施された環境影響評価の施行状況[注1]

(平成29年3月末現在)

	道路	河川	鉄道	飛行場	発電所	処分場	埋立干拓[注2]	面整備	合計
手続実施	85(21)	11(0)	18(4)	11(0)	281(85)	7(1)	20(3)	21(9)	447(122)
手続中	9(0)	3(0)	1(1)	1(0)	155(31)	1(0)	4(0)	2(0)	176(32)
手続完了	65(20)	7(0)	15(3)	9(0)	97(39)[注3]	6(1)	14(2)[注3]	14(7)	221(71)
手続中止	11(1)	1(0)	2(0)	1(0)	29(15)	0(0)	2(1)	5(2)	50(19)
環境大臣意見・助言	71(20)	7(0)	16(3)	10(0)	234(57)	0(0)	5(0)	15(8)	357(88)
配慮書	6(0)[注4]	0(0)	1(0)	1(0)	101(0)	0(0)	2(0)	1(0)	112(0)
スコーピング	0(0)	0(0)	0(0)	0(0)	0(0)	0(0)	0(0)	0(0)	0(0)
評価書	65(20)	7(0)	15(3)	9(0)	133(57)[注5]	0(0)	3(0)	14(8)	245(88)
報告書	0(0)	0(0)	0(0)	0(0)	0(0)	0(0)	0(0)	0(0)	0(0)

（第2種事業を含む）
注1） 括弧内は途中から法に基づく手続に乗り換えた事業で内数。
　2） 他の事業種別と一体として実施された埋立・干拓は，合計で1件とした。
　3） 環境影響評価法第4条第3項第2号に基づく通知が終了した事業（スクリーニングの結果，環境影響評価手続不要と判定された事業）7件を含む。
　4） 検討書に対する環境大臣意見を提出した事業（経過措置）1件を含む。
　5） 風力発電事業に係る環境影響評価実施要綱（経済産業省資源エネルギー庁，平成24年6月6日）に基づく環境省意見12件を含む。
出典：環境省「環境影響評価情報支援ネットワーク」より。

　93年に環境基本法が施行され，法的位置づけがされ，第20条に環境影響評価の規定が盛り込まれた。97年に諸外国の長所を取り入れた環境影響評価法が制定され，99年に全面施行となった。以前の目的追求型からベスト追求型の環境アセスメントが実施されることとなった。2008年には生物多様性基本法が成立したことや，施行から10年経過したことから2010年に制度が見直され，2011年に配慮書・報告書手続きが新設された環境影響評価法が改正され，2013年から施行された。

　環境影響評価法（平成9年法律第81号）は，道路，ダム，鉄道，飛行場，発電所，埋立て・干拓，土地区画整理事業等の開発事業のうち，規模が大きく，環境影響の程度が著しいものとなるおそれがある事業についてのみ環境影響評価の手続きの実施を義務づけた（図表3-4-①）。この法に基づき行われた事例は，

2017年3月末現在447件で（**図表3−4−②**），特に近年事例が多いのは風力等の発電事業で，手続きが中止になった事業50件のうち，その多くは発電事業である。

3-4-3　環境アセスメントの手続きの流れ

　対象事業が周辺の自然環境，地域生活環境などに与える影響について，一般の方々や地域の特性をよく知っている住民，地方公共団体などの意見を取り入れながら，事業者自らが環境アセスメントの手続の中で調査・予測・評価を行い，事業者が以下の5つの法律に規定された図書を作成する（**図表3−4−①**）。

- 計画段階環境配慮書（配慮書）：事業の位置・規模等の検討段階において，環境保全のために配慮すべき事項についての検討結果を伝えるもの
- 環境影響評価方法書（方法書）：これから行う環境アセスメントの方法を伝えるもの
- 環境影響評価準備書（準備書）：環境アセスメントの結果を伝えるもの
- 環境影響評価書（評価書）：準備書に対する意見を踏まえて，必要に応じてその内容を修正したもの
- 環境保全措置等の報告書（報告書）：環境保全措置等の実施状況について，伝えるもの

　それぞれの図書の内容は，方法書では，対象事業の目的及び内容，実施されるべき区域及びその周囲の概況，環境影響評価の項目並びに調査，予測及び評価の手法，準備書では方法書について環境の保全の見地から寄せられた一般の方々からの意見の概要と事業者の見解及び方法書について環境の保全の見地から述べられた都道府県知事の意見などが詳細に記載されている。

3-4-4　環境アセスメントの実施のポイント

1　調　査

　予測・評価をするために必要な地域の環境情報を収集する。そのために既存の資料などを集めて整理する方法や実際に現地に行き，測定や観察を行う方法で調査を行う。誰にでもわかる内容であることが重要である。

2　予　　測

事業を実施した結果，環境がどのように変化するのかを，コンピュータなどで各種の予測式に基づいて計算する方法や景観などではモンタージュ写真の作成等の方法を用いて予測する。

3　評　　価

事業を行った場合の環境への影響について，実行可能な最大限の対策がとられているか，また環境保全に関する基準，目標等を達成しているかなどを検討する。特に重要な影響については丁寧な説明が必要である。

4　環境保全措置

調査・予測の結果に基づき環境への影響の回避・低減・緩和，あるいは影響を受ける内容を代償するために講じられる様々な対策や施策で，地域の環境計画の目標も考慮して評価の作業で繰り返し検討する。

5　追　跡　調　査

予測時に不確定な要素があったり，環境保全措置の手法や効果がよくわかっていない場合には，それを補うために事業に着手した後でも調査等を行い，新たに環境保全措置を実施すべきか判断しなければならない。事業の段階に応じて追跡調査を実施することが望まれる。

6　情　報　交　流

環境に関する情報はあらゆるところにあり，環境へ配慮するためにそれらの有効利用は効果的で，情報交流が必要となる。より良い環境保全措置が組み込まれるように，様々な段階で適切な時期に事業者から情報提供するとともに，それに対し様々な人から情報を収集しながら内容を高めていくことにより，合意形成が容易になる。

3-4-5　環境アセスメントの適切な運用への取組み

環境アセスメントは，多くの関係者の取組みがあってはじめて効果を発揮できるものなので，それぞれの立場で役割を果たす積極的な行動が期待されている。住民等の意見の収集を効果的かつ効率的に行う手法が検討される一方，技術手法の向上，改善のための検討も行われなければならない。2006年に改正さ

れた事業の種類ごとの主務省令について，確実な運用の実施に向けて，事業者および自治体への周知が図られた。さらに，環境アセスメントの質および信頼性の確保のために，国・地方公共団体等の環境アセスメントの事例や制度および技術の基礎的知識の提供や，インターネット等を活用した国民や地方公共団体等への情報支援体制の整備が行われている。

3-4-6　地方自治体における取組み

　1970（昭和45）年以降から，先進的な自治体で制度化が進み，76年に川崎市で全国初のアセスメント条例が作られ，78年に北海道，80年に神奈川県，東京都で条例化，1980年代には都道府県および政令指定都市の約1／3で制度化された。1990年代には，行政手続きを法制化する流れ，および環境影響評価法の制定を受け，環境アセスメント制度の条例化が進み手続きも充実していった。現在，すべての都道府県および政令指定都市において環境影響評価条例が公布・施行されている。さらに知事意見を述べる際の審査会等第三者機関への諮問や事業者への事後調査の義務づけが導入されている。環境影響評価法にはない地域特性に応じて独自の対象事業（**図表3‐4‐③**），独自の手続きや調査項目を定めている制度があり，文化財，日照阻害，電波障害，風害などが調査対象となることが増えている。対象事業も法対象の規模要件を下回るものに加え，地域特性のある対象事業としては，廃棄物処理施設，大規模建築物，上下水道関連施設，スキー場，ゴルフ場，リゾートマンション，リゾートホテル，レクリエーション施設，畜産施設，土石の採取，複合事業等が対象とされている。さらに環境基本法に規定されている「環境」よりも広い範囲の「環境」の保全を目的とし，埋蔵文化財，地域コミュニティの維持，安全などについても評価対象にするなど，「ミニアセス」として地域の独自性が発揮されている。なお，2012年10月まで風力発電事業は地方自治体の条例の対象であったが，環境影響評価法の改正により対象事業に追加された。太陽光発電事業は対象となってはいないが，規模に応じて多くの自治体で対象とし始めている。

図表3-4-③　環境アセスメントの対象事業一覧

	第1種事業：必ず環境アセスメントを行う事業	第2種事業：環境アセスメントが必要かどうかを個別に判断する事業
1．道　路		
高速自動車国道	すべて	
首都高速道路など	4車線以上のもの	
一般国道	4車線以上・10km以上	4車線以上・7.5～10km
大規模林業圏開発林道	幅員6.5km以上・20km以上	幅員6.5km以上・15～20km
2．河　川		
ダム・堰	湛水面積100ha以上	湛水面積75～100ha
放水路，湖沼開発	土地改変面積100ha以上	土地改変面積75～100ha
3．鉄　道		
新幹線鉄道	すべて	
鉄道・軌道	長さ10km以上	長さ7.5～10km
4．飛行場	滑走路長2500m以上	滑走路長1875～2500m
5．発電所		
水力発電所	出力3万kw以上	出力2.25万～3万kw
火力発電所	出力15万kw以上	出力11.25万～15万kw
地熱発電所	出力1万kw以上	出力7500～1万kw
原子力発電所	すべて	
風力発電所	出力1万kw以上	出力7500～1万kw
6．廃棄物最終処分場	面積30ha以上	面積25～30ha
7．埋立て，干拓	面積50ha超	面積40～50ha
8．土地区画整備事業	面積100ha以上	面積75～100ha
9．新住宅市街地開発事業	面積100ha以上	面積75～100ha
10．工業団地造成事業	面積100ha以上	面積75～100ha
11．新都市基盤整備事業	面積100ha以上	面積75～100ha
12．流通業務団地造成事業	面積100ha以上	面積75～100ha
13．宅地の造成事業（＊）	面積100ha以上	面積75～100ha
○　港湾計画（＊＊）	埋立・掘込み面積の合計300ha以上	

注1）「宅地」には，宅地以外にも工業用地が含まれる（＊）。
　　2）「港湾計画」については，港湾環境アセスメントの対象となる（＊＊）。
出典：環境省ホームページ「環境影響評価情報支援ネットワーク」より作成。

3-4-7　戦略的環境アセスメント（SEA）制度

　戦略的環境アセスメントとは，1990年代以降，国際的に注目されるようになり，制度化が進められてきた。これまでの事業アセスでは様々な限界があることから，政策，計画，プログラムを対象とする組織化された環境アセスメントのプロセスが必要なことが明らかになった。早い段階から柔軟かつ効率的に行うことができれば，計画を進める側にもメリットがある。また，意思決定に当たり，事業アセスより環境面と持続可能性面の両方を組み入れることや，複数の代替案を掲げることができるなど多くの利点と便益が挙げられる。

　港湾法（昭和25年法律第218号），公有水面埋立法（大正10年法律第57号），都市計画法（昭和43年法律第100号），総合保養地域整備法（昭和62年法律第71号）の個別法等に基づいて行われる事業の認可や計画等の策定についても，環境保全の見地から検討が行われるようになった。

　個別の事業の計画・実施に枠組みを与える計画（上位計画）および施策の策定・実施に環境配慮を組み込むための戦略的環境アセスメントについては，EUによる計画案の環境評価に関する指令に基づき，EU加盟27カ国中25カ国で制度化されているほか，アメリカ，カナダ，中国，韓国，ベトナムなどの諸外国においても制度化されている。

　2007年3月に共通的な手続き，評価方法等が定められた「戦略的環境アセスメント導入ガイドライン*」をまとめ，道路，河川，空港，港湾等の公共事業についても，その計画プロセスにおける情報公開や市民参加のガイドライン等が提示された。2011年には環境影響法が改正され，これまでは事業の実施段階で環境影響を評価し国民や自治体から意見を聴取してより良い計画にしていく手順から，開発事業者が計画段階で環境配慮すべき事項について，主務大臣へ「計画段階環境配慮書」として提出することを義務づけ，複数の代替計画案を比較評価して良いものを選択するようにした。また，事業開始後の調査も義務づけた。この他，国の許認可が要る事業や補助金を受ける民間・公共事業の対象事業の範囲を拡大し，交付金の事業も追加された。

　自治体における戦略的環境アセスメントは，2002年に埼玉県が制度化し，その後，東京都，千葉県，広島市，京都市，横浜市が制度を導入している。2011

年6月現在，埼玉県で5件，東京都で3件，京都市で14件の実施事例がある。前述のとおり2011年5月の法改正（2013年4月施行）により，第一種事業についての方法書の公表の全段階での「計画段階環境配慮書」の作成と公表が義務付けられ，プログラム段階でのSEAがおこなわれることとなった。ただし，これについてはSEAではなく事業段階の早期の手続きにすぎないのではないかと指摘する専門家もいる。

> ＊ 上位計画のうち位置・規模等の検討段階のものについて，事業に先立つ早い段階で，著しい環境影響を把握し，複数案の環境的側面の比較評価および環境配慮事項の整理を行い，計画の検討に反映させることにより，事業の実施による重大な環境影響の回避または低減を図るための共通的な手続・評価方法等を示したもの。

3-4-8　課題と法改正（2011年）

　従来より，日本の環境影響評価の課題として，①案件が少なすぎること，②内容が専門的で膨大であること，③第三者（専門家）関与の手続きがないこと，④公聴会を義務付けていないこと，⑤情報公開の範囲が狭いこと，⑥手続きの違法性を争う制度がないこと，などが指摘されてきた。①については，規模要件を下げて広範な対象事業に対して，まず簡易なアセスメントをおこない，環境への影響が大きいものに限って本格的なアセスメントの手続きに進むべきであるとの主張がなされている。また，④，⑤に関しては，2011年法改正により，方法書における説明会の開催義務と方法書，準備書の電子化併用の措置が取られることとなった。なお，法改正により，事業着手後の環境保全措置に係る報告書の作成，報告，公表義務が事業者に課されることとなり，フォローアップの手続きが充実することとなった。

3-4-9　その他の環境アセスメント

　環境アセスメントといえば，環境影響評価法の制度化に伴って，開発事業におけるものが中心となっているが，環境保全のために，原材料採取から製造，流通，使用，廃棄に至るまでの製品の一生涯（ライフサイクル）で，環境に与える影響を分析し，総合評価する手法（ライフサイクルアセスメント：LCA），環境

汚染物質が与える影響の分析（化学物質リスクアセスメントなど），オゾン層破壊などの地球規模の汚染物質が与える影響を分析する地球環境の科学アセスメントなども含まれる。また毎日の生活の中で，環境に著しい影響のある製品や食品などもアセスメントされており，多くの環境面でアセスメントは不可欠な手続きとなっている。

3-5　汚染防止

3-5-1　規制手法

手法としては，環境基準と排出基準が用いられる。

環境基本法のところでも述べたが（→3-1-2・7参照），環境基準は「人の健康を保護し，及び生活環境を保全する上で維持されることが望ましい基準」である。これは行政目標であり，環境基準としては，「大気の汚染」「二酸化窒素」「ベンゼン等による大気の汚染」「水質汚濁」「地下水の水質汚濁」「航空機騒音」「新幹線鉄道騒音」「土壌の汚染」「ダイオキシン類による大気の汚染」「水質の汚濁及び土壌の汚染」に係る環境基準が環境省の告示により定められている（→巻末：**資料2～10**）。

環境基本法は政府が大気汚染，水質汚濁，土壌汚染，騒音のそれぞれについて環境基準を設定することを規定している。水質汚濁については，人の健康項目に係る基準と生活環境項目に係る基準が決められているが，それ以外は前者のみである。水質汚濁に係る環境基準のうち，健康項目に係る基準は，公共用水域に一律に適用されるが，生活環境項目に係る基準は，河川，湖沼，海域という水域別に，利水目的を考慮して類型が定められている（→巻末：**資料2・資料4～7**）。環境基準は行政の努力目標であるため，直接国民の権利義務を確定するものではない。したがって，環境基準を超える状態になっても，規制強化の根拠にならず行政指導等により汚染源に対して抑制を要請するしか方法はない。

排出基準は，大気汚染防止法や水質汚濁防止法で用いられる基準である。公

害関連物質を排出する工場・事業場を指定し，その施設から排出される汚染物質の許容量を物質の種類ごとに政令で定められている。しかし，この方式では希釈すれば基準を達成できるという問題がある。産業集積地域では個々の工場より地域全体での総量規制が必要となる。このため，排出基準に加えて，一定地域を指定し，地域内の汚染物の総量を決定し，これに基づいて総量削減計画を定め，地域内の個々の事業者の排出許容量の枠を割り当てる。大気汚染，水質汚濁とも1970年代に導入されたが，大気関係では硫黄酸化物と窒素酸化物，水質では広域的閉鎖系水域における化学的酸素要求量（COD）および窒素または燐の含有量について導入されているにすぎない。なお，排出基準については，地方自治体が自然的，社会的条件に鑑み，条例によって国の基準より厳しい排出基準（上乗せ基準）を設定しうることが法律で認められた。

排出基準は，事業者にその遵守を義務づけるものであり，違反の場合には刑罰を科されるとともに，差し止めの受忍限度判断の重要な要素となる。

なお，近年イギリスやEUでは環境メディアごとの規制でなく，規制対象を汚染物質総体として捉える統合的環境規制の考え方が広がっている。

3-5-2　大気汚染

大気汚染の原因には，固定発生源（工場・事業場）と移動発生源（自動車など）がある。わが国では，戦後の高度経済成長期に，固定発生源による激甚な公害に見舞われたが，現在は移動発生源による汚染が大きな問題となっている。

固定発生源による大気汚染に対しては，地方自治体の取組みが先行した。東京都は早くも1949（昭和24）年に工場公害防止条例を制定，51年には神奈川県事業場公害防止条例が制定された。国の対策は62年のばい煙の排出の規制等に関する法律（ばい煙規制法）が最初のものであり，硫黄酸化物とばいじんの濃度基準による排出基準を設定している。しかし，経済調和条項や緩い排出基準のため汚染の歯止めとはならなかった。68年には，ばい煙規制法に代えて大気汚染防止法が制定された。同法は，指定地域の拡大，濃度規制から量規制（K値規制）への変更などを取り入れたが，有害物質の拡大を抑制することができなかった。また，窒素酸化物などを原因とする光化学スモッグも顕在化した。

このため，70年の公害国会において，大気汚染防止法が改正され，調和条項の削除，指定地域の廃止，都道府県による上乗せ・横だし条例の制定，排出基準違反に対する直罰制が導入された。その後，72年には無過失損害賠償責任の規定が追加されている。

　自動車排ガスについては，1974（昭和49）年に二酸化窒素に係る環境基準が設定され，78年に基準が緩和されたが，これを達成できなかった。92年には自動車から排出される窒素酸化物の特定地域における総量の削減等に関する特別措置法（自動車NOx法）が制定され，2001（平成13）年に粒子状物質（PM）も対象に加える改正が行われた（自動車NOx・PM法）。スパイクタイヤ粉じんについては，90年に「スパイクタイヤ粉じんの発生の防止に関する法律」が制定され，光化学オキシダント対策については，96年の大気汚染防止法の改正により二輪車も対象に取り込まれた。

　このような対策にもかかわらず，環境基準が達成されているのは硫黄酸化物（SOx）だけで，光化学オキシダントについては達成度は低い。窒素酸化物（NOx），浮遊粒子状物質（PM）については，局地的な高濃度汚染が継続している。

1　固定発生源対策

　(a)　ばい煙排出規制　　政令で指定された排出施設において発生するばい煙が規制対象となる。「ばい煙」とは，硫黄酸化物，ばいじんおよび有害物質（カドミウム，鉛，窒素酸化物，塩素など）である。

　排出基準であるが，硫黄酸化物についてはK値規制（→**Topic ⑬**）が導入されている。また，ばい煙のうち，ばいじん，有害物質に限定して上乗せ基準が認められている。

　排出基準だけで環境基準を達成することが困難な地域について，1974年に総量規制制度が導入された。対象とされるばい煙は，硫黄酸化物と窒素酸化物であり，前者は千葉市，東京都特別区，名古屋市，大阪市など全国24地域，後者は東京都特別区，横浜市，大阪市の全国3地域である。

　(b)　粉じん規制　　「粉じん」とは，「物の破壊，選別その他の機械的処理又はたい積に伴い発生し，または飛散する物質」をいう。人の健康に係る被害を生じさせるおそれがある物質である特定粉じん（アスベスト〔石綿〕）と一般粉

じんがある。

　一般粉じんの規制基準は，施設の構造・管理に関する基準で，濃度基準ではない。一方のアスベストについては，発生施設の要件と濃度基準が用いられている。アスベストは阪神・淡路大震災を契機に，1996（平成8）年の改正により吹きつけ石綿が使用されている建築物の解体作業を「特定粉じん排出等作業」に指定し，作業基準の遵守を義務づけている。なお，アスベストによる健康被害者救済のため，2006（平成18）年に「石綿による健康被害の救済に関する法律」が制定された（→**3-5-8**参照）。

　(c)　VOC（揮発性有機化合物）の排出抑制制度　　VOCとは，ペンキの溶剤，接着剤，インク等に含まれているものであり，トルエン，キシレンなどが代表的な物質である。浮遊粒子状物質の原因物質であり，窒素酸化物とともに光化学オキシダントの原因物質であることから規制が導入された。VOCの排出量が多い施設を都道府県知事に届けさせ，排出口における排出濃度規制を行う。それ以外は事業者の自主的な取組みに任せることとしている。

　VOCと人の健康被害との定性的な関係はあるが，定量的な関係については科学的に不確実であるため予防原則の考え方に立つものである。

　(d)　有害大気汚染物質対策　　大気汚染防止法の規制対象は7物質に限られていたが，1996（平成8）年の法改正により，継続的に摂取される場合には人の健康を損ない大気汚染の原因となる「有害大気汚染物質」234種類が挙げられ，「優先取組物質」22種類が指定された。排出抑制についての事業者努力義務，国や都道府県による汚染状況の把握・情報提供，ベンゼン，トリクロロエチレン，テトラクロロエチレンを指定物質として排出基準を定め事業者に排出

Topic ⑬　K値規制

　硫黄酸化物の施設ごとの排出量（q）は，次の数式で計算される。（0℃）
　　$q = K \times 10^{-3} He^2$　$(He^2/10^3)$
　Kは全国100以上の地域で定められる定数，Heは煙突の高さ。煙突が高いほど排出量は多くてもよいこととなるが，大都市ではKの値が小さく設定されており規制は厳しくなる。

抑制を要請することなどが規定されている。

2 移動発生源対策

　自動車の場合は不特定多数の発生源から排出され，移動するため，直接に発生源の排出行為を規制することが困難である。このため構造規制と交通規制が用いられている。

　大気汚染防止法では，環境大臣が自動車排出ガスの量の許容限度を定め，国土交通大臣はこれを確保できるよう道路運送車両法の保安基準を設定する。規制対象物質は，一酸化炭素，炭化水素，窒素酸化物，粒子状物質，粒子状物質中のディーゼル黒煙である。環境大臣は，自動車燃料の性状，燃料中の物質量許容限度についても定める。

　交通規制については，交差点等著しい汚染のおそれがある区域の測定の結果，汚染が一定の濃度を超えていると認められる場合などに，都道府県知事が同公安委員会に道路交通法の規制を要請することができる。

　スパイクタイヤ粉じんの発生の防止に関する法律では，環境大臣が特に必要な地域として指定した，地域内の舗装道路の積雪や凍結がない部分において，粉じんを撒き散らすスパイクタイヤを使用することが禁止されている。2003（平成15）年現在，18道県817市町村が指定地域とされている。

　「自動車から排出される窒素酸化物及び粒子状物質の特定地域における総量の削減等に関する特別措置法（自動車NOx・PM法）」では，大都市圏をはじめとする交通量の増大とNOx排出量の多いディーゼル車の増加によって，都市部における自動車を起源としたNOxの割合は相当高いものとなっている。このため，1992（平成4）年にNOx規制を目的に本法が制定され，2001年に規制物質にPMが追加された。

　1992（平成4）年に自動車NOx法が制定された時は，大気汚染防止法だけでは2000（平成12）年に環境基準の達成が困難と見込まれた特定地域として，埼玉県，東京都，千葉県，神奈川県，大阪府，兵庫県内の市区町村が指定された。これらの地域では，まず，国が定める総量削減基本方針に基づいて，都道府県知事が総量削減計画を策定する。計画に基づき，車種規制，低公害車の普及促進，物流対策の推進，交通流対策の推進などが行われる。ディーゼル車の規制

を目的に，特定の自動車（トラック，バス）について，車両の総重量の区分ごとに自動車 NOx の排出基準が定められた。卸・小売業，運輸業等について，事業所管大臣が自動車の使用の合理化に関する指針を定め，共同輸配送，モーダルシフトの推進が行われる。

　上記のような対策にもかかわらず，特定地域における NOx の大気環境基準の達成ができなかったこと，PM と健康被害との間に有意な関係が指摘されたため，2001（平成13）年 6 月に PM を加えるなどの改正が行われ，公布施行された。この背景には，2000年に出された尼崎と名古屋の公害訴訟において，PM と沿道住民の健康との因果関係が認められたことも影響している。この改正により，対象地域に名古屋市とその周辺が追加され，乗用車を追加，総量削減基本方針の下に都道府県知事が指導，助言を実施することとされた。さらに，2007年には窒素酸化物重点対策地区の新設や周辺地区から指定地区に流入する自動車の事業者に排出抑制計画の作成等を義務づける改正が行われている。

3　PM2.5対策

　PM2.5とは，粒子の大きさが2.5μm（1mm の千分の一）以下（髪の毛の1/30以下）の微小粒子状物質（particulate matter）のことで，一次生成（ボイラー焼却炉などのばい煙，粉塵，自動車，航空機から排出されたもの，自然由来のもの）と二次生成（SOx，NOx，VOC などが大気中で光やオゾンと反応して生成）したものにより構成される。近年，この PM2.5の濃度が九州などで高い値が観測されるようになり，中国大陸から移動してきたものと懸念されている。PM2.5は肺の奥深くまで入り込み，喘息，気管支炎，肺がんのリスクの上昇，循環器系への影響など，健康面での影響が明らかとなってきた。

　国は，1 年平均値・15μg/m^{3}以下，かつ1 日平均値・35μg/m^{3}以下の環境基準を定めたが，注意喚起のための暫定指針として，1 日平均値・70μg/m^{3}を決めている。さらに，専門家会合では，1 日平均値・70μg/m^{3}に対応する1 時間平均値・85μg/m^{3}を 1 日のうちの早めの時間帯で超えたときは都道府県が注意喚起を行い，屋外での長時間の激しい運動や外出をできるだけ減らす「行動のめやす」とすることを推奨している。

3-5-3　水質汚濁

　水質汚濁による事件としては，明治期に鉱山からの鉱毒事件が大きな問題となった。戦後，水俣病，イタイイタイ病などの公害事件が顕在化した。1958（昭和33）年には，本州製紙江戸川工場からの排水による漁業被害から暴力事件に発展した浦安事件を契機に，「公共用水域の水質の保全に関する法律（水質保全法）」と「工場排水等の規制に関する法律（工場排水規制法）」の水質二法が制定された。しかし，これらの法律は，経済調和条項を有したこと，厳しい要件の指定水域性がとられていたこと，排水基準違反に対する制裁がないこと，濃度規制のみであったことなどから，実効性を発揮できず，水質の悪化が進行した。

　そこで，1970（昭和45）年に水質汚濁防止法が制定された。規制水域の拡大，直罰制の導入，都道府県知事による上乗せ排出基準の制度の採用などの特色を有するものであった。72年には改正が行われ，無過失賠償責任の規定が追加された。

1　水質汚濁防止法

　工場・事業場からの排水と生活排水について，公共用水域（河川，湖沼，港湾，沿岸地域など）と地下水への浸透が規制される。下水道への排水は下水道法の規制を受ける。規制対象は「特定施設」（100業種以上の施設）をもつ工場，事業場である。規制される対象項目は，健康項目と生活環境項目が含まれ，条例による項目の追加・横出しが認められている。

　(a)　環境基準　　人の健康保護と生活環境保全の2つの環境基準があり，健康項目は，カドミウム，鉛，砒素，水銀など26項目が定められている。1990年代に当初なかった有機塩素系化学物質などが追加された。生活環境項目は，水素イオン濃度（pH），化学的酸素要求量（COD）*などの項目について，海域・河川・湖沼という水域別に設定されている。2003（平成15）年に水生生物の保全の観点から全亜鉛が追加されている。

　　＊　Chemical Oxygen Demand の略，水の汚濁度を表す。水中の汚物（有機物）を過マンガン酸カリウムによって化学的に酸化・安定化させるために必要な酸素の量。河川では微生物が必要とする酸素の量・生物化学的酸素要求量（BOD）を使うが，水流が緩やかな水域には有機物を分解せずに酸素を消費するプランクトンがいる（→**2-2-3**参照）。

(b) 排水基準　　濃度規制が基本である。すべての公共用水域を対象に国が定め一律に適用される基準と都道府県が水域を指定して定める上乗せ基準がある。

　一律基準は，健康項目として人の健康の保護に関する環境基準が定められた26項目に対応する物質およびその化合物，アンモニアおよびアンモニア化合物，有機化合物であり，生活環境項目として，水素イオン濃度，生物化学的酸素要求量等15項目であり最大値として定められている（→巻末：**資料2**）。河川についての排出基準値は環境基準の10倍の数値である。健康項目についての排出基準はすべての特定事業場に適用されるが，生活環境項目についての排水基準は1日の平均排水量が50m³未満の特定事業場には適用されない。

(c) 総量規制制度　　1978（昭和53）年の改正により汚濁負荷量の総量の削減を行う総量規制制度が導入された。規制の対象は「人口及び産業の集中等により，生活又は事業活動に伴い排出された水が大量に流入する広域の公共用水域」で，ほとんどが陸に囲まれた海域である。排水基準のみでは環境基準の確保が困難と認められる水域であり，東京湾，伊勢湾，瀬戸内海が定められている。指定項目は，化学的酸素要求量（COD）および窒素またはリンの含有量である。環境大臣が定める総量削減基本方針に基づき，都道府県知事が計画を策定し削減目標を定める。

2　その他の水質保全対策法

　1960年代からの水質汚濁により赤潮が発生，周辺の漁業に大きな損害を与えた。このため，1978（昭和53）年に「瀬戸内海環境保全特別措置法」が制定された。計画を策定し，特定地域の設置の規制，富栄養化による被害発生の防止，自然海浜の保全等の措置を講ずることとされる。

　また，湖沼の富栄養化に伴う赤潮，アオコが発生，利水障害，養殖漁業の被害，景観面の問題の発生を防止するため1984（昭和59）年に「湖沼水質保全特別措置法」が制定された。本法は生活環境項目を対象とした特別の規制を実施することとしている。まず，国は基本方針を定め，環境大臣は都道府県知事の申出に基づき，湖沼の水質環境を保つために総合的な施策の実施が必要な湖沼と関係地域を指定する。琵琶湖，霞ケ浦等10地域が指定されている。都道府県

知事は基本方針に基づき，湖沼水質保全計画を定める。この計画には下水道，し尿処理施設等の整備，浚渫などの事業が盛り込まれ，それぞれの事業主体により実施される。また，工場，事業場等の規制対象施設を水質汚濁防止法より拡大し，汚濁負荷量の規制がなされる。2005（平成17）年の改正により，湖辺環境保護地区の指定制度が導入され，水質保全に資する植物の採取を行おうとするものは，都道府県知事への届け出が必要とされたほか，水質保全計画の策定に当たっての公聴会の開催など，住民参加の視点が取り入れられた。

近年，水道の原水中に存在する有機物質（フミン質等）と浄水処理過程で加えられる塩素との化学反応により，発がん性物質のトリハロメタンが生成することが明らかとなった。このため，水道の水質を保全するため1994（平成6）年に「特定水道利水障害の防止のための水道水源水域の水質の保全に関する特別措置法」，「水道原水水質保全事業の実施の促進に関する法律」が制定されている。

3-5-4　騒音・振動・悪臭

騒音とは，「聞く人に好ましくない感じを与える音の総称」であり，騒音の程度，音の強さ・大きさの単位としては，デシベル（dB）またはホンが使われる。公害に関する苦情の中では最も件数が多い。

騒音に関する規制は地方自治体から始まり，1968（昭和43）年に騒音規制法が制定された。現在では，工場・事業場における事業活動，建設工事により発生する騒音，自動車騒音について規制が行われている。このほか，航空機騒音，新幹線騒音などについて規制する法律が制定されている。また，飲食店等による営業店騒音や拡声器騒音については地方自治体の規制に委ねられている。

1　騒音規制法，振動規制法

都道府県知事は，住宅集合地域，病院，学校の周辺地域等において住民の生活環境を保全するため，工場，作業場から発生する騒音を規制する地域を指定する。特定工場等の騒音については，環境大臣が騒音の基準を定め，都道府県知事はこの範囲内で当該地域における規制基準を定めなければならない。市町村は都道県知事制定の基準で生活環境の保全が図れないときは，条例で環境大

臣の定める範囲内で規制基準を定めることができる。

指定地域内にある特定施設（工場または事業場に設置される施設のうち著しい騒音を発生する施設であって政令で定めるもの）を設置しようとするものは市町村長への届出が必要となる。市町村長は内容を審査し周辺の生活環境が損なわれると認めるときは計画変更勧告を行ったり，騒音が規制基準を超え周辺の生活環境が損なわれると認めるときは改善を勧告したりすることができる。これらの勧告に従わないときは改善命令を発し，さらにこれに従わない場合には罰則が適用される。

自動車の場合は，騒音が環境省令で定める限度を超え道路の周辺の生活環境が著しく損なわれると認めるときは，市町村は都道府県公安委員会に道路交通法上の措置をとるべきことを要請できる。また，騒音測定の結果により道路管理者等に道路の部分構造改善について意見を述べることができる。

振動防止法は，騒音規制法より遅れて1976（昭和51）年に制定された。振動の単位としてはデシベル（dB）が用いられる。騒音と同一の発生源であることもあり，騒音規制法と同様な規制が行われる。

2 悪臭防止法

悪臭は，人間の嗅覚に不快感を与える公害である。発生源は工場や養鶏場・養豚場などである。悪臭の苦情も増加しつつある。公害対策基本法に基づき1971（昭和46）年に悪臭防止法が制定された。

本法で規制の対象となる「特定悪臭物質」とは，アンモニア，メチルメルカプタンなど政令で指定された22の物質である。

都道府県知事は住民の生活環境を保全するため悪臭を防止する必要があると認める住居集合地域等を，悪臭原因物の排出を規制する地域として指定する。規制地域には特定悪臭物質の種類ごとに規制基準が設定される。

市町村長は規制基準に適合しない場合において，その不快なにおいにより住民の生活環境が損なわれていると認めるときは改善勧告をし，勧告に従わないときは改善命令を発し，さらにこれに従わない場合には罰則が適用される。

3-5-5　地盤沈下

　地盤沈下は地下水の採取等が原因で引き起こされる。1950年代から工場による揚水量の増加などにより地盤沈下が進み，1956年に工業用水法が制定されたが大きな成果は上がらなかった。1962年に工業用水法が改正され，法の目的に地盤沈下防止が加わり，規制が強化された。また，同年に「建築物用地下水の採取の規制に関する法律（ビル用水法）」が新たに制定された。

　工業用水法は，製造業，電気供給業，ガス供給業の用に供するための地下水の汲み上げを規制する。ビル用水法は，ビルの冷暖房，水洗便所，自動車の洗車設備，公衆浴場用施設などの用に供するための地下水の汲み上げを規制する。いずれの法も揚水量が多く，地盤沈下が生じている地域を政令で指定し，指定地域内で地下水を採取しようとするものは都道府県知事の許可を受けなければならないとする厳しい規制となっている。許可を受けないときは罰則の適用がある。

　なお，現在まで地下水と地盤沈下についての総合的な法制度は，関係省庁の調整が難航し制定されていない。結局，地盤沈下についての対応は地方公共団体の条例，要綱により行われている。

3-5-6　土壌汚染

1　制度の沿革

　戦後の神通川流域のカドミウムによるイタイイタイ病，土呂久のヒ素汚染事件等土壌の汚染が健康被害にまで及ぶ事件が明らかとなった。1970（昭和45）年の公害対策基本法の改正により，土壌汚染が典型公害として追加されるとともに，「農用地の土壌の汚染防止等に関する法律（農用地土壌汚染防止法）」が制定された。1975年には，東京都江東区の化学工場跡地の六価クロム汚染事件が起きた。

　土壌汚染に関する環境基準は，1991年に設定され，現在溶出基準，農用地基準が定められている（→巻末：資料3）。

　その後，アメリカのスーパーファンド法の制定（→1-1-5参照）など諸外国の動きもあり，わが国でも検討が進められ，1994（平成6）年に地下水汚染防止

図表3−5−①　改正土壌汚染対策法の仕組み

目　的

土壌汚染の状況の把握に関する措置及びその汚染による人の健康被害の防止に関する措置を定めること等により，土壌汚染対策の実施を図り，もって国民の健康を保護する。

制　度

調　査

・有害物質使用特定施設の使用の廃止時（第3条）

・一定規模（3,000㎡）以上の土地の形質変更の届出の際に，土壌汚染のおそれがあると都道府県知事が認めるとき（第4条）

・土壌汚染により健康被害が生ずるおそれがあると都道府県知事が認めるとき（第5条）

自主調査において土壌汚染が判明した場合において土地所有者等が都道府県知事に区域の指定を申請（第14条）

土地所有者等（所有者，管理者又は占有者）が指定調査機関に調査を行わせ，その結果を都道府県知事に報告

【 土 壌 の 汚 染 状 態 が 指 定 基 準 を 超 過 し た 場 合 】

区域の指定等

①要措置区域（第6条）

土壌汚染の摂取経路があり，健康被害が生ずるおそれがあるため，汚染の除去等の措置が必要な区域

→汚染の除去等の措置を都道府県知事が指示（第7条）

→土地の形質変更の原則禁止（第9条）

摂取経路の遮断が行われた場合

②形質変更時要届出区域（第11条）

土壌汚染の摂取経路がなく，健康被害が生ずるおそれがないため，汚染の除去等の措置が不要な区域（摂取経路の遮断が行われた区域を含む。）

→土地の形質変更時に都道府県知事に計画の届出が必要（第12条）

汚染の除去が行われた場合には，指定を解除

汚染土壌の搬出等に関する規制

・①②の区域内の土壌の搬出の規制（事前届出，計画の変更命令，運搬基準・処理の委託義務に違反した場合の措置命令）

・汚染土壌に係る管理票の交付及び保存の義務

・汚染土壌の処理業の許可制度，処理基準，改善命令，廃止時の措置義務

その他

・指定調査機関の信頼性の向上（指定の更新，技術管理者の設置等）

・改正土壌汚染対策法は，平成22年4月1日より施行

※下線部が改正内容

出典：環境省ホームページ（http://www.env.go.jp/water/dojo/law/kaisei2009/ref02.pdf）。

を目的に水質汚濁法が改正された。大阪のユニバーサルスタジオ・ジャパン建設予定地の土壌汚染やダイオキシンによる土壌汚染も顕在化し，ダイオキシンによる汚染浄化を規定したダイオキシン対策特別措置法，市街地を対象とした「土壌汚染対策法」が2002（平成14）年に制定された。

2 土壌汚染対策法

鉛，砒素，トリクロロエチレンなどの政令で指定された特定有害物質による人の健康の被害の防止を目的とする。土壌汚染の調査については，使用が廃止された特定有害物質の製造，使用または処理をする水質汚濁防止法の特定施設に係る工場または事業場であった土地，および都道府県知事が土壌汚染によって人の健康被害が生ずるおそれがあるものとして政令で定める基準に該当すると認める土地も対象とする。調査の義務者は，土地の所有者，管理者または占有者である。

2010（平成22）年の法改正により，調査対象として3000m²以上の土壌汚染のおそれのある土地に対する知事の命令があったときと，自主調査により土壌汚染が判明した場合も追加された。そして汚染状態が指定基準を超過した場合は，盛土，封じ込めなどの対策が必要な「要措置区域」と，健康被害が生ずるおそれがないため措置を講ずる必要はない「形質変更時要届出区域」に分けられ，対策が行われた場合は，解除または届出区域とされることとなった。また，汚染土壌の搬出等の規制，汚染土壌に係る管理表の交付および保存の義務，土壌処理業についての許可制度等が定められた。

本法は，土壌汚染について指定区域の閲覧を認めるものであり，情報的手法を取り入れたものとして高く評価されている。一方で，未然防止の規定がないこと，健康被害に重点を置き生活環境被害を要件としていないこと，指定法人の基金額が少なすぎること，区域として指定されると周辺地域の地価が下がり，取引きが困難になることなどの課題が指摘されている。

3-5-7 ダイオキシン類による汚染

1 制度の沿革

1999（平成11）年2月に起きた埼玉県所沢市のダイオキシンによる野菜汚染

報道を契機に社会的に重大な関心が喚起され，対策が急速に進むこととなった。

同年2月に設置されたダイオキシン対策関係閣僚会議において，ダイオキシン対策推進基本方針が策定され，6月に耐容1日摂取量*（TDI）を体重1kg当たり4pg（ピコグラム）に設定された。7月，議員立法としてダイオキシン類対策特別措置法が制定された。

　　*　人が食べ物や水を通して毎日摂取しても健康に影響がない量。

2　ダイオキシン類対策特別措置法

ダイオキシン類とは，ポリ塩化ジベンゾフラン，ポリ塩化ジベンゾ-パラ-ジオキシン，コプラナーポリ塩化ビフェニルの3物質が対象である。TDIを体重1kg当たり4pg（ピコグラム）以下の政令で定める値とした。これをもとに，大気，水質，土壌の環境基準が設けられる。2002（平成14）年に1997（平成9）年に比べて9割削減する目標を掲げ，99年12月に環境基準が制定されている。「特定施設」が排出規制を受ける。「特定施設」とは，「工場または事業場に設置される施設のうち，鉄鋼の用に供する電気炉，廃棄物焼却炉その他の施設」であり，政令で焼却炉，鉄鋼焼結・アルミ精錬・亜鉛回収の産業施設等が排ガスについて，廃棄物焼却場の排ガス洗浄施設等，下水道終末処理施設，紙パルプ・アルミ精錬の施設等が排出水について特定施設とされている。

「特定施設」を設置しようとするものは，一定の事項を都道府県知事に届け出る義務がある。知事は，排出ガス，排出水が排出基準に適合しないと認めるときは，届出受理から60日以内に計画変更または計画廃止の命令を出すことができる。特定施設が集合している総量規制基準適用事業場について，総量規制基準に適合しないと認めるときは処理方法の改善等必要な措置を命ずることができる。これらの基準に違反してダイオキシンを継続的に排出するおそれのある事業者に対して，改善命令を発することができる。排出規制の違反に対しては罰則が科せられる。計画変更・改善命令等の違反についても罰則適用がある。

都道府県知事は土壌環境基準を満たさず，かつ汚染の除去等をする必要があるものとして政令で定める要件に該当する地域をダイオキシン類土壌汚染対策地域として指定し，土壌汚染対策計画を策定する。対策事業費は，公害防止事業費事業者負担法に基づき，事業者が全部または一部を負担する。

本法については，リスクベースとしての TDI，技術ベース基準としての排出基準を採用し，条例でより厳しい排出基準を認めることを規定するなど積極的に評価されている一方，食品の安全基準について規定が置かれなかったことなどの問題点も指摘されている。

3-5-8　石綿（アスベスト）による健康被害

　アスベストとは石綿のことである。熱に強い天然の鉱物で丈夫なため，「奇跡の鉱物」と呼ばれ，防火用として屋根や壁の材料にしたり，建築物の鉄骨や天井に吹き付けていた。しかし，細い繊維の集まりであり，吸い込むと肺の組織に刺さり，15〜40年の潜伏期間を経て，悪性中皮腫や肺がんを引き起こすことが明らかとなってきた。日本では1960年代から多く使われ始めた。1970年前半に輸入量がピークに達している。

　わが国でも危険性は認識され，1975（昭和50）年には吹き付けアスベストが使用禁止になっている。95年の阪神淡路大震災で倒壊した建物の解体工事でも飛散し問題になった。アスベストを扱う事業所の作業員にマスクの着用が要請され，大気汚染防止法で，解体事業者は作業場所，期間，方法などを都道府県知事に届け出ることが義務づけられている。

　2005（平成17）年になって，アスベストを多く使う兵庫県尼崎市のクボタの工場周辺に住む人に中皮腫の患者がいたことが公表され，作業服を洗濯した家族が被害にあっていることも明らかにされた。

　国はこれを受け，2006（平成18）年に輸入，製造，使用を全面禁止し，「石綿による健康被害の救済に関する法律」を制定し，救済基金を設置し，石綿による指定疾病（中皮腫，肺がんなど）を対象に患者を認定し，医療費，療養手当てなどの支給を行っている。基金は，事業者，国，地方公共団体からの資金の拠出を原資にして，被害者または遺族からの認定申請により，環境大臣が中央環境審議会の意見を聞いて認定する。認定された場合は，被害者が指定疾病にかかった旨の認定を受けた場合の給付として，医療費（自己負担分），療養手当，葬祭料，救済給付調整金が，遺族が支給を受ける権利の認定を受けた場合の給付として，特別遺族弔慰金・特別葬祭料が支給される。

3-5-9　公害健康被害の補償

　公害による健康被害については，裁判による救済が可能であるが，時間と労力が必要なこと，因果関係の立証が困難なこと，加害企業が無資力の場合補償が受けられないなどの問題も存在する。1960年代に四大公害訴訟が提起され，国による救済制度の必要性が認識されだした。公害対策基本法の制定を受け，1969（昭和44）年に「公害に係る健康被害の救済に関する特別措置法」が制定された。この法律は，著しい大気汚染または水質汚濁による公害病が多発した地域において，公費と産業界で救済費用を負担するものであったが，医療救済にとどまっていること，事業者の負担が自発的な寄付であったことなどの限界があった。

　1972（昭和47）年の四日市公害訴訟判決を契機に，73年に公害健康被害の補償等に関する法律（公害健康被害補償法）が制定された。同法は，公害健康被害者に健康被害補償（療養給付，障害補償費など），公害保健福祉事業（リハビリテーションなど），健康被害予防事業（健康診査等）を行うことを目的としている。全国の事業者から賦課金を徴収し，これを財源として補償を図るものである。

　特色としては，医療費の補償だけでなく被害者の逸失利益や慰謝料も考慮した補償であること，賦課金は汚染物質の排出量に応じ強制徴収されること，事務費を除きすべて事業者への賦課金から補償されること，因果関係の認定が必要とされていないことである。

　補償を受ける被害者の地域として，第1種地域と第2種地域がある。第1種地域は，相当範囲の著しい大気汚染により慢性気管支炎，気管支喘息等の非特異性疾患が多発している地域であり，41地域が指定されていたが現在は解除されている。第2種地域は相当範囲の著しい大気汚染または水質汚濁が生じ，水俣病，イタイイタイ病，慢性砒素中毒症などの特異性疾患が多発している地域であり，5地域が政令で指定されている。

　健康被害補償のための財源は，第1種地域の非特異性疾患については，一定の規模以上のばい煙発生施設の設置者から排出された硫黄酸化物の排出量に応じて徴収される汚染負荷量賦課金と自動車重量税収入の一部によってまかなわれ，比率は8対2とされた。第2種地域の特異性疾患については，因果関係が

明確であることから原因物質を排出する特定の事業者に原因の度合いに応じて徴収される特定賦課金が補償の財源となる。いずれも汚染者負担の原則が貫かれている。賦課金の徴収は財団法人環境保全再生機構によって行われる。

1980年代に，大気中の二酸化硫黄の濃度がかなり改善されたにもかかわらず事業者の費用負担が過重となったことなどから，産業界の要請を受け，第1種地域の指定は外された。もともと，賦課金の指標が硫黄酸化物のみであったこと，地域外からの負荷金額が総額の7割を占めていたことから，制度の限界があったといわれている。ただし，住民の呼吸器疾患の罹患率が高い幹線道路周辺については，二酸化窒素や浮遊粒子状物質を指標として追加した第1種地域の制度の検討をすべきではないかとの提案がなされている。

3-6　脱温暖化社会の形成

地球温暖化に関する世界の動きやメカニズム・影響などについては，すでに触れたが（→1-1-6，2-6-2～2-6-4参照），ここでは影響が広範囲，将来世代にまで及び，最も解決が困難といわれる地球温暖化に関する国内外の取組みの現状と課題について触れる。

3-6-1　国際的な枠組み

1992年のリオサミットで採択され，1994（平成6）年に発効した国連気候変動枠組条約は，「人為的に危険とならないレベルにおいて大気中の温室効果ガスの濃度を安定化させること」を究極の目的としている。97年に採択され，2005年2月に発効した京都議定書は，これを受け先進国（ロシアなど市場経済移行国を含む）に二酸化炭素（CO_2），メタン（CH_4），亜酸化窒素（N_2O），ハイドロフルオロカーボン（HFC），パーフルオロカーボン（PFC），六フッ化硫黄（SF_6）の6種類の温室効果ガスを対象に先進国全体で1990年の水準から5.2%削減するという数値目標を設定した。この議定書では，排出量取引（先進国同

士での排出量の売買），共同実施，クリーン開発メカニズム（CDM）という市場原理を活用して排出量を国の間で移転する京都メカニズムのほか，例外的に第1約束期間に森林吸収源をカウントすることが認められている。

わが国は京都議定書の削減目標6％について，2008〜2012年の実際の排出量は1990年の基準年を1.4%上回ったが，京都メカニズムクレジット5.9%，森林吸収源3.9%により結果的に8.4%の削減となり目標を達成することができた。

京都議定書の約束期間終了後，第2約束期間（2013〜2018年）が開始されたが，日本，ロシア，ニュージーランド，カナダなどはすべての国が参加する公平な取り決めが必要だとして参加しなかった。2011年に南アフリカ・ダーバンで開催されたCOP17では，先進国・途上国を含むすべての国を対象にした新たな議定書を策定することで合意した。2015年にパリで開催されたCOP21では，すべての国が参加する公平な合意として「パリ協定」が採択された。この協定には以下の内容が盛り込まれている。各国が提出する削減目標には罰則がないが法的効力のある文書として成立，2016年11月4日に発効した。

- 世界共通の長期目標として2℃目標の設定。1.5℃に抑える努力を追求することに言及。
- 主要排出国を含むすべての国が削減目標を5年ごとに提出・更新。
- 適応の長期目標の設定，各国の適応計画プロセスや行動の実施，適応報告書の提出と定期的更新。
- 先進国が資金の提供を継続するだけでなく，途上国も自主的に資金を提供。
- すべての国が共通かつ柔軟な方法で実施状況を報告し，レビューを受けること。
- 5年ごとに世界全体の実施状況を確認する仕組み（グローバル・ストックテイク）。

3-6-2　わが国の対策

日本政府は，1992（平成4）年の環境と開発に関する国連会議（リオ・サミット）の開催前の89年に地球環境保全に関する関係閣僚会議を設置し，90年には地球温暖化防止行動計画を閣議決定した。この計画は二酸化炭素の排出量を90

図表3－6－①　国内の地球温暖化対策の主な動き

1989. 5	地球環境保全に関する関係閣僚会議設置
1990.10	地球温暖化防止行動計画を閣議決定 《計画の内容》 　・二酸化炭素　…一人あたり排出量を1990年レベルで安定化。革新的技術 　　　　　　　　　　開発等の早期大幅進展により排出総量を2000年以降おお 　　　　　　　　　　むね1990年レベルで安定化。 　・メ　タ　ン　…現状の排出の程度を超えないこと 　・その他のガス…極力その排出を増加させないこと
1992. 6	リオ・サミットで気候変動枠組条約に署名
1993. 5	気候変動枠組条約に批准
1994.12	環境基本計画閣議決定
1997.12	気候変動枠組条約第3回締約国会議（COP3）において京都議定書採択。地球温暖化対策推進本部設置
1998. 4	京都議定書に署名
1998. 6	地球温暖化対策推進大綱を本部決定
1999. 4	地球温暖化対策の推進に関する法律（温暖化対策法）施行 　温暖化センター，温暖化防止活動推進員，実行計画を規定 地球温暖化対策に関する基本方針，閣議決定
2002. 3	地球温暖化対策推進大綱を改定 温暖化対策法改正 　京都議定書目標達成計画を規定
2002. 6	京都議定書批准を正式決定
2005. 2	京都議定書発効
2005. 4	京都議定書目標達成計画　閣議決定 温暖化対策法改正 　温室効果ガス排出量算定・報告・公表制度を創設
2008. 3	温暖化対策法改正 　温室効果ガス算定・報告・公表制度を事業所単位から事業者単位，フランチャイズ単位に変更（2009.4施行） 　指定都市，中核市及び特例市においても温暖化センターを指定することが可能になる
2013. 3	温暖化対策法改正 　三フッ化窒素を温室効果ガスに追加
2016. 5	地球温暖化対策計画閣議決定 　2030年度の削減目標を2013年度比26％減とする

　年レベルで安定化するという現状維持の立場をとっていた。

　1997（平成9）年に京都議定書が採択され，温室効果ガス削減数値目標6％が課せられた。これを達成するために，98年に策定された地球温暖化対策推進大綱はこの数値目標を前提としていた。その後，99年に地球温暖化対策の推進

に関する法律を制定し，京都議定書発効後の2005年4月に京都議定書目標達成計画を策定している（**図表3-6-①**）。

現在は2015年のパリ協定の採択を受け，2016年に地球温暖化対策計画が策定されている。

1　地球温暖化対策の推進に関する法律

本法は，国，地方公共団体，事業者および国民の責務を明らかにするとともに，地球温暖化対策に関する基本方針を定め，対策の推進を図ることを目的としている。民生部門と住民の取組み推進に重点が置かれている。主な内容は，次のとおりである。

まず，都道府県に「地球温暖化防止活動推進センター」が，都道府県知事の指定により管内に1カ所設置される。指定対象団体は当初民法32条の公益法人に限られていたが，2002（平成14）年の改正により，NPO法人が追加された。センターは地域における温暖化防止に関する取組み推進，普及啓発の拠点として活動を行なっており，全国42都道府県（2005年4月現在）で指定されている。なお，2008年の改正により政令市等でも指定できることとなった。

次に，住民に対して日常生活に関する取組の調査，指導，助言を行うとともに，地球温暖化対策診断を行う「地球温暖化防止活動推進員」が都道府県およ

Topic ⑭　国内の温室効果ガスの推移

温室効果ガスの排出は経済の影響を大きく受ける。2008（平成20）年に起こった米国発のリーマンショックにより2009年度の国内の排出量は前年度比10.5%減と大きく落ち込み，1990年度以降最低を記録した。その後2010〜2013年度と増加したが，2011年3月の東日本大震災による福島第一原子力発電所事故のため，原発が停止し火力発電所の稼働が増えたことが原因として挙げられる。しかし，その後は省エネルギーの取組の推進，再生可能エネルギーの拡大などを受け減少傾向となっている。

2015年度のわが国の温室効果ガスの総排出量は，13億2,500万t（CO_2換算。以下同じ）となっている（**図表3-6-②**）。前年度／2013度の総排出量（13億6,400万t／14億900万t）と比べると，電力消費量の減少（省エネ，冷夏・暖冬等）や電力の排出原単位の改善（再生可能エネルギーの導入拡大や原発の再稼働等）に伴う電力由来のCO_2排出量の減少により，エネルギー起源のCO_2排出量が減少したことなどから，前年度比2.9%（3,900万t），2013年度比6.0%（8,400万t）減少した。

図表3-6-②　わが国の温室効果ガスの総排出量（2015年度確報値）

○2015年度（確報値）の総排出量は13億2,500万トン（前年度比−2.9%、2013年度比−6.0%、2005年度比−5.3%）
○前年度／2013年度と比べて排出量が減少した要因としては、電力消費量の減少（省エネ、冷夏・暖冬等）や電力の排出原単位の改善（再生可能エネルギーの導入拡大や原発の再稼働等）に伴う電力由来のCO_2排出量の減少により、エネルギー起源のCO_2排出量が減少したことなどが挙げられる。
○2005年度と比べて排出量が減少した要因としては、オゾン層破壊物質からの代替に伴い、冷媒分野においてハイドロフルオロカーボン類（HFCs）の排出量が増加した一方で、産業部門や運輸部門におけるエネルギー起源のCO_2排出量が減少したことなどが挙げられる。

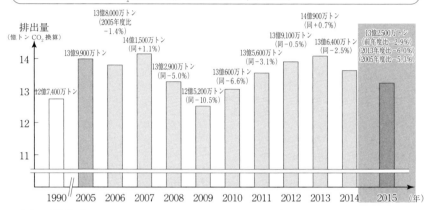

出典：環境省（http://www.env.go.jp/press/files/jp/105529.pdf）。

び政令市で委嘱されている。すでに、6,604名（2016年7月現在）が委嘱されている。委嘱人数はバラツキがあり山形県の943名から指定していない自治体もある。

京都議定書発効後の2005（平成17）年に追加されたのが、「京都議定書目標達成計画」と「温室効果ガス排出量算定・報告・公表制度」である。前者は京都議定書を達成するための各領域ごとの目標と考え方を示したものである。後者は、二酸化炭素を含む6種類の温室効果ガスを一定量以上排出する産業、業務、運輸部門の事業者の報告制度である。エネルギー起源二酸化炭素の報告については、後述の省エネ法が活用される。国に報告された排出量については、企業、業種、都道府県単位ごとに集計され、公表される。排出者自らが排出量を算定し、国民に公表することにより自主的取組みを推進することをねらいとしている。2008年改正で事業所単位から事業者単位に変更された。

図表3-6-③　わが国の主要な対策，施策

部　門	内　容
産業部門	・低炭素社会実行計画の着実な実施と評価・検証 ——BAT（経済的に利用可能な最善技術）の最大限導入等をもとにCO_2削減目標策定，厳格な評価・検証 ・設備・機器の省エネとエネルギー管理の徹底 ——省エネ性能の高い設備・機器の導入，エネルギーマネジメントシステム（FEMS）の利用
業務その他部門	・建築物の省エネ対策 ——新築建築物の省エネ基準適合義務化・既存建築物の省エネ改修，ZEB（ネット・ゼロ・エネルギービル）の推進 ・機器の省エネ ——LED 等の高効率照明を2030年度までにストックで100％，トップランナー制度による省エネ性能向上 ・エネルギー管理の徹底 ——エネルギーマネジメントシステム（BEMS），省エネ診断等による徹底したエネルギー管理
家庭部門	・国民運動の推進 ・住宅の省エネ対策 ——新築住宅の省エネ基準適合義務化，既存住宅の断熱改修，ZEH（ネット・ゼロ・エネルギーハウス）の推進 ・機器の省エネ ——LED 等の高効率照明を2030年度までにストックで100％，家庭用燃料電池を2030年時点で530万台導入，トップランナー制度による省エネ性能向上 ・エネルギー管理の徹底 ——エネルギーマネジメントシステム（HEMS），スマートメーターを利用した徹底したエネルギー管理
運輸部門	・次世代自動車の普及，燃費改善 ——次世代自動車（EV，FCV 等）の新車販売に占める割合を 5 割〜 7 割に ・その他運輸部門対策 ——交通流対策の推進，エコドライブ，公共交通機関の利用促進，低炭素物流の推進，モーダルシフト
エネルギー転換部門（発電所など）	・再生可能エネルギーの最大限の導入 ——固定価格買取制度の適切な運用・見直し，系統整備や系統運用ルールの整備 ・火力発電の高効率化等 ——省エネ法・高度化法等による電力業界全体の取組の実効性確保，BAT の採用，小規模火力発電への対応 ・安全性が確認された原子力発電の活用

その他ガスおよび吸収源対策	・非エネ起源 CO_2，CH_4，N_2O，代替フロン等４ガス，森林吸収源対策等の推進
分野横断的施策	(1)目標達成のための分野横断的な施策 ・J-クレジット制度の推進 ・国民運動の展開 ・低炭素型の都市・地域構造及び社会経済システムの形成 (2)その他の関連する分野横断的な施策 ・水素社会の実現 ・温室効果ガス排出量の算定・報告・公表制度 ・二国間クレジット制度（JCM） ・税制のグリーン化に向けた対応及び地球温暖化対策税の有効活用 ・金融のグリーン化 ・国内排出量取引制度
基盤的施策，国際協力の推進等	・技術開発と社会実装，観測・監視体制の強化 ——GaN（窒化ガリウム），セルロースナノファイバー，蓄電池，海洋エネルギー，いぶき ・計画の進捗管理 ——毎年進捗点検，３年ごとに見直しを検討 ——パリ協定の目標の提出・更新サイクルを踏まえ対応

出典：環境省「地球温暖化対策計画の概要」（平成28年５月）。

2　地球温暖化対策計画

2016（平成28）年５月，地球温暖化に関する総合計画である「地球温暖化対策計画」が温暖化対策法に基づいて，閣議決定された。本計画は，温室効果ガスの排出抑制及び吸収の目標，事業者，国民等が講ずべき措置に関する基本的事項，目標達成のために国，地方公共団体が講ずべき施策等について記載している。まず，基本的方向として以下を掲げる。

• 目指すべき方向

①中期目標（2030年度26％減）の達成に向けた取組，②長期的な目標（2050年度80％減を目指す）を見据えた戦略的取組，③世界の温室効果ガスの削減に向けた取組。

なお，ここでは長期的目標として2050年度までに80％の温室効果ガスの削減を目指すことが明記されている。

• 基本的考え方

①環境・経済・社会の統合的向上，②「日本の約束草案」に掲げられた対策

の着実な実行，③パリ協定への対応，④研究開発の強化，優れた技術による世界の削減への貢献，⑤全ての主体の意識の改革，行動の喚起，連携の強化，⑥PDCA の重視。

　さらに，各部門ごとに目標達成に向けた主要な対策，施策が示されている。

3　エネルギーの使用の合理化等に関する法律（省エネ法）

　この法律の起源は，1951（昭和26）年に制定された熱管理法である。73年の中東紛争時のオイルショックを契機として同法が制定された。したがって，法本来の目的は資源の節約であった。97年の京都議定書の採択を契機として，省エネルギー（二酸化炭素の削減）の必要性が高まり，地球温暖化防止の側面を強くもつこととなった。

　以下，現行法の主な内容を紹介する。

　(a)　工場・事業場：事業者の努力義務・判断基準の公表

・特定事業者・特定連鎖化事業者（エネルギー使用量1,500kℓ／年以上）

　設置しているすべての工場等（本社，工場，支店，営業所，店舗等）の年間エネルギー使用量の合計が1,500kℓ（原油換算）以上である事業者を「特定事業者」として国が指定するとともに，フランチャイズチェーン本部（連鎖化事業者）

Topic ⑮　バイオマス燃料

　原油価格の高騰を背景に，温暖化対策（カーボンニュートラル・炭素中立），エネルギー安定供給などの必要性から，注目を浴びている。特に，ブラジルのさとうきび，アメリカのトウモロコシから生産するバイオエタノールの生産量が多い。

　日本では，「バイオマス・ニッポン総合戦略」が2002（平成14）年7月に策定され，2006年3月に改定されたが，バイオマス輸送用燃料の導入目標を2010年に50万kℓとしている。環境省はさらに，2020年に200万kℓ，2030年に400万kℓという目標を掲げている。

　なお，バイオディーゼルは，植物油（菜種，大豆，アブラヤシ），廃食用油から生産され，軽油代替燃料として使われている（京都市のプラント，150近くの菜の花プロジェクトなど）。

　バイオエタノールの問題点として，食糧との競合，国内での生産はコスト面で難しいこと，外国からの輸入は LCA 上問題であること，遺伝子組み換え製品の多用，大規模なプランテーションによる森林・生態系の破壊，児童労働の問題が指摘されている。特に，食糧不足を招くとの懸念があり，近年は一時のように注目されなくなった。

については，設置しているすべての工場等及び一定の条件を満たす加盟店の年間エネルギー使用量の合計が1,500kℓ以上である場合「特定連鎖化事業者」として国が指定する。

そして，特定事業者，特定連鎖化事業者は事業者単位（加盟店含む）での定期報告書・中長期計画書の提出とともに，エネルギー管理統括者，それを補佐するエネルギー管理企画推進者の選任等が必要となっている。

さらに，特定事業者，特定連鎖化事業者が設置している工場等のうち，年間エネルギー使用量が3,000kℓ以上の工場等については『第一種エネルギー管理指定工場等』，1,500kℓ以上3,000kℓ未満の工場等については『第二種エネルギー管理指定工場等』として国が指定し，エネルギー管理指定工場等については，エネルギー管理者又はエネルギー管理員の選任が必要とされている。

(b) 運輸：事業者の努力義務・判断基準の公表

• 特定輸送事業者（貨物・旅客）（保有車両数：トラック200台以上，鉄道300両以上等）

中長期計画の提出義務とエネルギー使用状況等の定期報告義務がある。

• 特定荷主（年間輸送量が3,000万tkm以上）

計画の提出義務と委託輸送に係るエネルギー使用状況等の定期報告義務がある。

(c) 住宅・建築物：建築主・所有者の努力義務・判断基準の公表

• 特定建築物（延べ床面積300m²以上）

新築，大規模改修を行う建築主等の省エネ措置に係る届出義務・維持保全状況の報告義務がある。

• 住宅供給事業者（年間150戸以上）

供給する建売戸建住宅における省エネ性能を向上させる目標の遵守義務がある。

(d) エネルギー消費機器：エネルギー消費機器の製造・輸入事業者の努力義務・判断基準の公表

トップランナー制度（28機器）として，乗用自動車，エアコン，テレビ等のそれぞれの機器において商品化されている最も優れた機器の性能以上にするこ

とを求める（家庭のエネルギー消費量の約7割をカバー）。2013年の法改正により，自らエネルギーを消費しなくても，住宅・ビルや他の機器のエネルギーの消費効率の向上に資する建築材料等が新たにトップランナー制度の対象に追加された。

(e)　情報提供：事業者の一般消費者への情報提供の努力義務

家電等の小売業者による店頭での分かりやすい省エネ情報（年間消費電力，燃費等）の提供や電力・ガス会社等による省エネ機器普及や情報提供等が行われる。

4　新エネルギー関連法

新エネルギーの範囲については，これまでの技術革新の進捗等を踏まえて種々見直されてきた。現在は「技術的に実用段階に達しつつあるが，経済性の面での制約から普及が十分でないもので，非化石エネルギーの導入を図るために特に必要なもの」とされ，「発電分野」「熱利用分野」「燃料分野」について10種類が指定されている。これが狭義の新エネルギーであり，現在，国の政策として，特に推進すべきものとされている（**図表3-6-④**）。

以上の新エネルギーに大規模水力等を加えた「再生可能エネルギー」と，再生可能エネルギーの普及・エネルギー効率の飛躍的向上・エネルギー源の多様化に資する新規技術であり，その普及を図ることが特に必要なものに分類されるのが燃料電池，クリーンエネルギー自動車などの「革新的なエネルギー高度利用技術」の両者を併せたもので広義の新エネルギーとして位置付けられる。

新エネルギーの利用を促進するため，1997（平成9）年に新エネルギー利用等の促進に関する特別措置法（新エネ利用促進法）が，2002年に電気事業者による新エネルギー等の利用に関する特別措置法（RPS法）が制定された。後者のRPS法は電気事業者に一定量以上の新エネルギー等を利用して得られる電気の利用を義務づけるものであったが，目標自体が低かったこと，廃棄物発電に多くを依存していると批判が大きかったため，固定価格買取制度の導入とともに廃止された。以下では新エネ利用促進法と固定価格買い取り制度を取り上げる。

(a)　新エネ利用促進法　　発電分野（中小水力発電，太陽光発電，風力発電，バ

図表3-6-④　エネルギーの種類

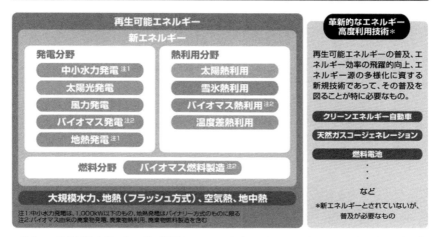

出典：一般社団法人新エネルギー財団ホームページ（http://www.nef.or.jp/pamphlet/index.html）。

イオマス発電，地熱発電），熱利用分野（太陽熱利用，雪氷熱利用，バイオマス熱利用，温度差熱利用）および燃料分野（バイオマス燃料製造）とされている（図表3-6-④）。

　経済産業大臣が利用に関する基本方針，利用方針を策定，公表し，事業者が作成した利用計画を所管大臣が認定した上，国が債務保証，金融支援の補助を行う仕組みを導入した。エネルギー使用者，供給義務者の新エネルギー利用の努力義務，エネルギー使用者に対する主務大臣の指導，助言について定められている。

　(b)　固定価格買取制度　　再生可能エネルギーの買取制度は，2009年11月から太陽光発電の余剰電力についての買取制度が導入されたことに始まる。2011年8月に「電気事業者による再生可能エネルギー電気の調達に関する特別措置法（以下「再生エネ買取法」）」が成立，2012年7月から施行された。対象のエネルギーが，太陽光，風力，中小水力（3万kw未満），地熱，バイオマスに拡大され，業務用については全量買取がおこなわれることとなった。買取価格と期

図表3-6-⑤　グリーン電力証書システム

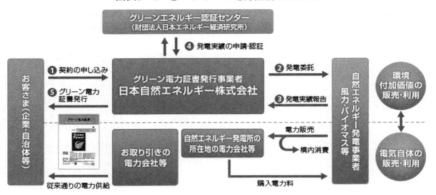

出典：日本自然エネルギー株式会社ホームページ（http://www.natural-e.co.jp/green/about.html）。

間について，経済産業大臣が関係大臣と中立的な第3者委員会の意見を聞いて定められ，毎年見直しが行われている。例えば，家庭用太陽光発電の場合，当初42円であったが，2017年度には28円（関電管内）に低下している。この買取に要するコストについては，再エネ賦課金という形で消費者の電気料金に転嫁されることもあり，普及とともに買取価格が下がっている。

5　グリーン電力証書システム

自然エネルギーにより発電された電気の環境付加価値を，証書発行事業者が第三者機関の認証を得て，「グリーン電力証書」という形で取引する仕組みであり，民間企業により行われている（図表3-6-⑤）。「グリーン電力証書」を

Topic ⑯　二酸化炭素の地中貯留・CCS

二酸化炭素の地中貯留・CCS（Carbon dioxide Capture and Storage）とは，火力発電所や製鉄所から排出される二酸化炭素を分離・回収して高圧で地中に貯留する技術のこと。温暖化対策の切り札として期待されている。問題は，二酸化炭素が地震等により洩れ出すことはないかというところにある。地球環境産業技術研究機構（RITE）が新潟県長岡市でCO_2 1万tを深さ1,100mの帯水層に閉じ込める実証実験を行い，一定の範囲にとどまることを確認している。普及にはコストをどう低減するかということも課題である。また，二酸化炭素排出削減の動機につながらないのではないかとの批判もあるが，恒久的な対策につなげる過渡的なものとしては有効である。

購入する企業・自治体などが支払う費用は，証書発行事業者を通じて発電設備の維持・拡大などに利用される。証書を購入する企業・自治体などは，「グリーン電力証書」の取得により，発電設備を持たなくても，証書に記載された電力量（kWh）相当分の自然エネルギーの普及に貢献し，グリーン電力を利用したとみなされ，地球温暖化防止につながる。

6　その他の革新的技術

水素エネルギーを使い，酸素と化合させてエネルギーを利用する燃料電池自動車のほか，家庭用燃料電池の普及が進んでいる。環境負荷を低減させるには水素をどのように取り出すかということが課題といえる。また，二酸化炭素の地中貯留（CCS）も注目される。現在，北海道苫小牧沖で実証実験が行われている。

その他人工光合成，気候工学（宇宙空間の反射鏡，大気中のエアロゾル散布等）などの地球温暖化防止に貢献するための革新的技術の研究が進んでいる。

3-7　廃棄物と循環型社会の形成

3-7-1　廃棄物処理の変遷

日本の戦前の廃棄物処理に関する最初の法律は，1900（明治33）年に定められた「汚物掃除法」である。この法律は伝染病予防という公衆衛生上の観点から策定され，廃棄物の処理については規則で「市は掃除義務者の蒐集したる汚物を一定の場所に運搬し，塵芥はなるべく之を焼却すべし」とした。

戦後，ごみへの蝿，蚊，悪臭の発生，健康への悪影響が懸念されたことから公衆衛生の向上を目的とする「清掃法」が1954（昭和29）年に制定された。その後高度経済成長に伴って，生活スタイルの変化，都市への人口集中が起こり，大量生産，大量消費，大量廃棄の時代を迎え，ごみの発生量は飛躍的に増大した。ごみの埋立地の環境悪化から東京ごみ戦争（江東区議会の他区のごみ搬入阻止）のような住民の反対運動も顕在化した。

全国の廃棄物発生量は1965年には日量1.7万 t であったが，1995年には 7 倍の11.9万 t に拡大した。また，プラスチックごみ，容器包装物の増加などごみ質も変化した。

1970（昭和45）年に「廃棄物の処理及び清掃に関する法律」が制定された。同法は生活環境の保全を目的とし，市町村に対する国庫補助による焼却施設，最終処分場等の廃棄物処理施設の整備推進，排出事業者・処理事業者責任の明確化，処理基準の明確化，罰則の強化を定めた。この後，施設整備は格段に進んだが，大量廃棄，ごみ質の変化はみられず，資源の有効利用，リサイクルの必要性から「循環型社会」への移行が急務となった。さらに，1990年代には有害ごみ，不法投棄，ダイオキシン問題等が顕在化し，規制が強化された。

3-7-2　廃棄物とは何か？

「廃棄物の処理及び清掃に関する法律」では，「廃棄物」とは，「ごみ，粗大ごみ，燃え殻，廃油，廃酸，廃アルカリ，動物の死体その他の汚物または不要物であって，固体または液状のもの（放射性物質およびこれに汚染された物を除

Topic ⑰　豊島産業廃棄物不法投棄事件

瀬戸内海の小豆島の西に位置する豊島は温和な気候と歴史を有する小島であったが，高度経済成長とともに海岸の砂利採取が行われた。この後1978（昭和53）年に，豊島観光開発㈱は香川県から「ミミズによる土壌改良剤化処分業」として許可を受けたものの，83年からは許可外の土地でシュレッダーダスト等を搬入し，埋立て，野焼きを行い，環境破壊が進んだ。当初，県の指導もあり行為者は金属回収のための廃品回収業と主張し，受け入れに当たって料金を支払っていた（実際はこれを上回る運搬料を徴し偽装していた）。住民の一貫した反対運動にもかかわらず，監督に当たる県も行為者の暴力をおそれ十分な取締りを行わなかった。このため，10年間にわたり搬入が続けられ93年の兵庫県警による摘発まで47万 m^3 もの莫大な量の産業廃棄物が投棄された。埋立現場からはダイオキシンなどの有害化学物質が基準を超えて検出されるなど戦後最大の不法投棄事件となった。この解決のため，公害等調整委員会による手続きが利用され，関係者協力のもとにようやく2003年 9 月から投棄された産業廃棄物の撤去，処理が始まった。

この事件は廃棄物の定義，行政の怠慢，不法投棄に関する現行法制の不備や大量廃棄社会に対する反省など数々の論議を生み，法改正が進む契機となった。

第 3 章　環境法・政策・制度

142

図表3-7-① 一般廃棄物と産業廃棄物の区分

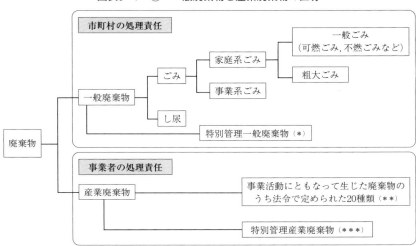

注1) 爆発性，毒性，感染性その他の人の健康または生活環境に係る被害を生ずるおそれがあるもの。(*)
 2) 燃え殻，汚泥，廃油，廃酸，廃アルカリ，廃プラスチック類，紙くず，木くず，繊維くず，動植物性残さ，動物性固形不要物，ゴムくず，金属くず，ガラスくず・コンクリートくずおよび陶磁器くず，鉱さい，がれき類，動物のふん尿，動物の死体，ばいじん，上記19種類の産業廃棄物を処分するために処理したもの，他に輸入された廃棄物。(**)
 3) 爆発性，毒性，感染性その他の人の健康または生活環境に係る被害を生ずるおそれがあるもの。(***)

出典：環境省ホームページ（http://www.env.go.jp/recycle/kosei_press/h000404a/c000404a/c000404a-2.html）より。

く）」とされている（2条1項）。そして，占有者が自ら利用し，または他人に有償で売却することができないために不要となった，固形または液状のものとされている。すなわち，有価物であるか否かにより判断されていた。

　廃棄物に該当するか否かは，1971（昭和46）年の厚生省環境整備課長通知により，「占有者の意思，その性状等を総合的に判断すべきもの」とされ，占有者の意思のほか，排出の状況，物の性状，取引価値の有無，通常の取扱い形態などが判断基準とされていた。廃棄物か商品か，占有者の主観的な意思によって左右されたため，「有価物である」という強い主張によって規制の対象外とされ，豊島事件などの不法投棄事件を起こすこととなった。

　廃棄物は，「一般廃棄物」と「産業廃棄物」に区分される（**図表3-7-①参照**）。

「一般廃棄物」は，「ごみ」と「し尿」に，さらに「ごみ」は家庭から出される「家庭ごみ」とオフィス，商店などから排出される「事業系ごみ」に区分される。また，爆発性，毒性，感染性その他の人の健康または生活環境に係る被害を生ずるものを「特別管理一般廃棄物」として，特別な処理を行うこととしている。

「産業廃棄物」は，事業活動に伴って生じた廃棄物のうち，法令で定められた20種類（燃え殻，汚泥，木くず，がれき類など）をいう（**図表3－7－①**〔注2〕を参照）。ただし，オフィス等から発生する廃プラスチックは産業廃棄物になる。

3-7-3　廃棄物処理の原則と現状

一般廃棄物の処理責任は市町村にあり，市町村もしくは市町村が委託する事業者によって処理されるのが基本である。事業系の一般廃棄物については，専門の処理業者によって処理されることもある。

産業廃棄物については，排出する事業者が，その事業活動によって生じた産業廃棄物を自らの責任において処理しなければならない。汚染者負担の原則が適用されるわけである。自分で処理施設を作って処理する場合と専門の処理業者に委託して処理する場合があるが，いずれの場合も排出事業者は最終処分まで適正に処理を行う必要がある。

わが国の一般廃棄物の総量は，2014（平成26）年度で4,432万 t，1人当たり948g であった。経年変化をみると，2000年度の5,483万 t，1,185g に比べ約2割減少している。しかし1967（昭和42）年にはわずか1,970万 t，666g であったことを考えると生活水準の向上とともに大幅に増加している。

また，産業廃棄物については，2012年度の総排出量は約3億7,900万 t であり，1993（平成5）年度の3億9,500万 t から約4％減少しているが近年は横ばいといえる。産業別には，電気・ガス・熱供給・水道業（下水道業を含む）からの排出量が最も多く，約9,647万 t（全体の25.4％）であり，次いで，農業が約8,572万 t（同22.6％），建設業が約7,412万 t（同19.6％），パルプ・紙・紙加工品製造業が約2,900万 t（同7.6％），鉄鋼業が約2,866万 t（同7.6％），化学工業が約1,219万 t（同3.2％）であった（**→2-3-1**参照）。

3-7-4　循環型社会形成推進のための法律

1　沿革（法制定まで）

わが国の廃棄物に関する最初の法は，1900（明治33）年に制定された「汚物掃除法」であり，衛生面からごみの焼却を原則とするなど，汚物の処理が目的であった。また，戦後の1954（昭和29）年に制定された「清掃法」は，公衆衛生の向上が目的であった。昭和30年代，40年代と経済の発展につれ私たちの生活水準も向上し，また，人口が都市へ集中するなど，大量生産，大量消費，大量廃棄の時代に移行してくる。ごみ量の増大だけでなく，プラスチックごみの増加などごみ質にも変化がみられるようになる。これに伴い，廃棄物処理場の不足が顕著となり，住民の反対運動が激化した。東京都内ではごみの処理，処分をめぐって紛争が起き，「東京ごみ戦争」と呼ばれた。このような背景の下に，「廃棄物の処理及び清掃に関する法律」が1970（昭和45）年に制定された。同法は前述のとおり生活環境の保全を目的とし，廃棄物処理施設（焼却施設，最終処分場）の整備推進（市町村に対する国庫補助）を明記したほか，排出事業者・処理事業者責任の明確化等を規定したことに特徴がある。本法の制定以降，処理施設の整備は格段に進んだが，大量廃棄，ごみ質の変化の状況は変わらず，ごみの発生抑制，リサイクルの推進など循環型社会への転換の必要性が認識されるようになった。

2　循環型社会形成推進基本法

⒜　法の制定と関係法の整備　　大量生産，大量消費，大量廃棄の社会経済活動から廃棄物排出量が増大し，環境への負荷が懸念されるようになった。このような事態を政府も深刻に受け止め，1999（平成11）年10月の与党政策合意において，「2000（平成12）年度を『循環型社会元年』と位置づけ，基本的枠組みとしての法制定を図る」こととされた。これを受け，2000（平成12）年1月に当時の小渕総理が，循環型社会形成推進基本法案提出の施政方針演説を行い，同年4月の臨時閣議で決定，国会で可決成立の上，6月2日に公布された。

法案提案理由として指摘されたのは，社会経済活動の拡大と国民生活が物質的に豊かになったことを背景とした「廃棄物の排出量の高水準での推移」「最終処分場の残余容量の逼迫（一般廃棄：1999年で12.3年，産業廃棄物：2000年で

3.9年）」「廃棄物の焼却施設からの有害物質（ダイオキシン）の発生」「最終処分場における重金属等の環境汚染のおそれの高まり」「不法投棄の増大による大気，水，土壌環境等への負荷の高まり，自然界における健全な物質循環の喪失」であり，環境への負荷の少ない経済社会を築いていくことがめざされた。

また，政府の所管についても，2001（平成13）年1月に環境省が発足，厚生省所管の廃棄物行政はすべて環境省へ移管されることとなり，本法も同時に施行された。

法のねらいとしては，廃棄物・リサイクル対策を総合的かつ計画的に推進するための基盤を確立することと，関連する個別法の整備とあいまって，循環型社会の形成に向けた取組を実効あるものとすることであり，国の制度，政策，対策に関する基本方針を定めている。

循環型社会形成推進基本法の制定と同時期または以後に，以下に掲げる個別法が制定，改正された。

《すでに制定されていた法の改正》

廃棄物の処理及び清掃に関する法律（廃掃法）／再生資源の利用の促進に関する法律（再生資源利用促進法）／→資源の有効な利用の促進に関する法律（資源有効利用促進法）／容器包装に係る分別収集及び再商品化の促進等に関する法律（容器包装リサイクル法）／特定家電用機器再商品化法（家電リサイクル法）

《新規に制定された法》

建設工事に係る資材の再資源化等に関する法律（建設リサイクル法）／食品循環資源の再生利用等の促進に関する法律（食品リサイクル法）／国等による環境物品等の調整の推進等に関する法律（グリーン購入法）／使用自動車の再資源化等に関する法律（自動車リサイクル法）

（b）法の内容　「循環型社会」とは，①廃棄物等の発生抑制，②循環資源が発生した場合におけるその適正な循環的な利用の促進，③循環的な利用が行われない循環資源の適正な処分の確保，という手段・方法によって実現される，「天然資源の消費が抑制され，環境への負荷ができる限り低減される社会」と定義される（2条1項）。

「廃棄物等」の定義については，①廃棄物の処理及び清掃に関する法律2条1項に規定する廃棄物，すなわち，すでに述べたような無価物（物の性状，取引価値，占有者の意思等を総合的に勘案して決定）と解されるもの，②使用済み物品，収集・廃棄物品または人の活動に伴い副次的に得られた物品（放射性物質は除く）（2条2号）としている。「使用済み物品」とは，古新聞のようなものを指す。

ただし，中古自動車のように現に使用されているものは除かれる。「収集・廃棄物品」は，廃棄物回収所に置かれた新品のテニスラケットのようなもの，「人の活動に伴い副次的に得られた物品」は，工場の製造工程で排出される金属くずが考えられる。

同法は，まず原材料，製品等が廃棄物等となることを抑制すること，発生抑制（reduce）を優先的に位置づけている（5条）。また，循環資源の循環的な利用および処分の基本原則として，「技術的・経済的に可能な範囲で」，再使用（reuse）→再生利用（material recycle）→熱回収（thermal recycle）→適正処分の順に行うことを規定した。すなわち，5条と7条で，3R（reduce, reuse, recycle）の原則を規定したものと解されている。このように循環的な利用が処分に優先する理由は，①焼却に伴うダイオキシン類の発生，最終処分場からの有害物質の漏出等の環境リスクの低減，②新たに天然資源を獲得し，それを加工することによる自然破壊，エネルギー消費，有害物質の発生等の環境への負荷の回避，③最終処分場の逼迫の回避という背景があったためである。

事業者の責務としては，排出者責任と拡大生産者責任が定められている（11条）。事業者は，活動に伴って生じる廃棄物の量が大きいこと，事業活動の遂行のため各種の組織を保持しており，人的，技術的，経済的能力を有することから規定されたものであり，事業者の排出者としての責務（排出者責任）と製品等の製造者としての責務（拡大生産者責任）の原則的な考え方を位置づけている。「排出者責任」は，発生抑制，リサイクル，処分の責任を，「拡大生産者責任」は，生産者が，生産・使用段階だけでなく使用後廃棄物となった後まで一定の責任を負うことである。本法では具体的に，①製品等の耐久性の向上や循環的な容易化等のための製品等の設計・材質の工夫を行うこと（11条2項，20

条1項），たとえばリサイクルしやすいように容器を軽量化することである。
②使用済み製品等の回収ルートの整備（引取り，引渡し）および循環的な利用の実施（11条3項，18条3項），③製品等に関する情報提供（11条2項，20条2項）が挙げられる。

　どのような物品について事業者に回収および循環的な利用の責任を負わせるかについては，①当該循環資源の処分の技術上の困難性，循環的な利用の可能性等を勘案し，②関係者の適切な役割分担の下に，③当該製品等に係る設計，原材料の選択，当該製品等の収集等の観点から，その事業者の果たすべき役割が重要であると認められるものを対象としている（18条3項）。

　なお，個別法で拡大生産者責任を義務づける規定としては，次のものがある。

　①製品の耐久性の向上や循環的な利用の容易化のための製品等の設計・材質の工夫を求める措置……資源有効利用促進法の「指定再利用促進製品」「指定再資源化製品」。

　②特定の使用済み製品の回収・リサイクルを求める措置……容器包装リサイクル法の「ガラス製品，ペットボトル，紙製・プラスチック製容器包装等」／家電リサイクル法の「エアコン，テレビ，電気冷蔵庫，電気洗濯機」／資源有効利用促進法の「指定再資源化製品」。

　③製品等に関する情報提供を求める措置……資源有効利用促進法の「指定表示製品」。

3　資源有効利用促進法

　資源の有効な利用の促進に関する法律（資源有効利用促進法）の目的は，資源の有効な利用の確保と廃棄物の発生抑制，環境保全である。再生資源の利用の促進に関する法律として　1991（平成3）年に施行されたが，リデュース，リユース，リサイクル対策を強化するために2000年に改正された。

　まず，事業所管の主務大臣が，リサイクルの総合的・計画的推進のための基本方針を策定，公表することとしており（3条），関係者の責務について訓示的な規定が置かれている。事業者の責務としては，再生資源を利用するように努めること，使用後の製品をリサイクルできるようにすること，副産物をリサイクルできるようにすること，消費者の責務としては，リサイクル製品を積極

的に利用することなどである。

　本法は，法的措置が必要な業種と製品について，それぞれ以下のとおり分類，指定し，主に指導，勧告，命令，公表という方法により実効性を上げようとしている。

　①特定省資源業種（10条以下）──副産物のリデュース対策　　副産物の発生抑制等を行うことが資源の有効利用を図る上で特に必要な業種……製鉄業等，紙・パルプ製造業，無機化学・有機化学工業，銅第1次精錬・精製業，自動車製造業。

　②特定再利用業種（15条以下）──リユースの促進　　再生資源または再生部品の利用が資源の有効利用を図る上で特に必要な業種……紙製造業，ガラス容器製造業，建設業，複写機製造業等。

　③指定省資源化製品（18条以下）──リデュースの促進　　使用後の廃棄量が多いことなどから，省資源化，長寿命化による使用済み物品等の発生抑制を促進することが資源の有効利用を図る上で特に必要な製品……自動車，パソコン，大型家具，ガス・石油機器，パチンコ遊技機，家電製品等。

　④指定再利用促進製品（21条以下）──リユースの促進　　製品が資源または部品として利用しやすいような設計，製造を行うことや，回収した使用済み製品から取り出した部品等を新たな製品に再使用することが，資源や部品の有効利用を図る上で特に必要な製品……自動車，パソコン，大型家具，ガス・石油機器，パチンコ遊戯機等。

　⑤指定表示製品（24条以下）──容器包装等の分別回収のための表示　　類似の物品と混同されやすく，分別回収のための表示が当該再生資源の有効利用を図る上で特に必要な製品……スチール缶，アルミ缶，ペットボトル，小型二次電池，プラスチック製容器包装・紙製品容器包装・塩化ビニル製建設資材等。

　⑥指定再資源化製品（26条以下）──回収・再生資源としての利用の促進　使用後の廃棄量が多いことなどから，事業者が自主回収し再資源化することが資源等の有効利用を図る上で特に必要な製品……パソコン，小型二次電池等。

　⑦指定副産物（34条以下）──副産物の再生資源としての利用対策　　再生資源の利用の促進が有効利用を図る上で特に必要な副産物……電気業から発生す

図表3-7-② 容器包装リサイクル法の対象となる容器包装類

	種類・識別表示	イメージ	リサイクル製品の例
金属	アルミ缶		アルミ原料
	スチール缶	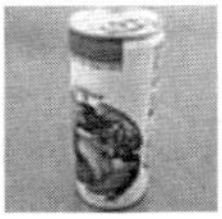	製鉄原料
ガラス	無職ガラスびん（＊） 茶色ガラスびん（＊） その他の色のガラスびん（＊）		ガラスびん原料 建築資材等
紙	飲料用紙パック （アルミ不使用のもの）		製紙原料
	ボール製容器		製紙原料
	紙製容器包装（＊） （段ボール，紙パック除く）		製紙原料，建築資材， 固形燃料等

第3章　環境法・政策・制度

150

プラスチック	PETボトル（＊）（しょうゆ，飲料，酒類，一部の調味料（平成20年4月1日））	① PET	プラスチック原料，ポリエステル原料（繊維，シート，ボトル等）
	プラスチック製容器包装（＊）（PETボトル除く）	プラ	プラスチック原料，化学原料・燃料等（プラスチック製品，熱分解油，高炉還元剤，コークス炉化学原料，合成ガス）

注1）　＊の付いているものは，特定事業者にリサイクルが義務づけられているもの。これら以外は，市町村が分別収集した段階で有価物となるためリサイクル義務の対象外。
　　2）　識別表示は，「資源の有効な利用の促進に関する法律」に基づくもの。

なお，下表のものは容器包装に該当しない。

条　　件	具　体　例
中身が「商品」ではない場合	・手紙やダイレクトメールを入れた封筒 ・景品を入れた紙袋や箱 ・家庭で付した容器や包装など
「商品」ではなく，役務の提供に使った場合	・クリーニングの袋 ・レンタルビデオ店の貸出袋 ・宅配便の袋や箱（ただし，通信販売用の容器として用いた場合は対象）
中身商品として分離して不要にならない場合	・日本人形のガラスケース ・CDケース ・楽器やカメラのケース

出典：環境省ホームページ（http://www.env.go.jp/recycle/yoki/outline/index.html#r_02）より。

7

廃棄物と循環型社会の形成

151

る石炭灰，建設業から発生する土砂，コンクリートの塊，アスファルト・コンクリートの塊，木材。

　法の実効性を高めるため事業者の対応が不十分なときは，指導，勧告，命令，公表を行い，事業者の自主的努力に期待するものとなっている。事業者が従わないときは，主務大臣が関係審議会の意見を聞いた上で，措置命令を課し，その違反に対する罰則も定められているが（42条），措置命令が発せられた例はない。

4　容器包装リサイクル法

　容器包装については，1990年代前半，ドイツやフランスで事業者が回収，リサイクルの義務を負う制度が導入され，EU 指令においても回収率・リサイクル率が定められた。

　わが国においても缶，ビン，ペットボトル，紙，プラスチックなどの容器包装は，一般廃棄物の中でも容量で6割，重量で2割と大きな割合を占め，市町村の大きな負担になるにしたがって，事業者に一定のコスト負担を求めようという声が大きくなってきた。容器包装に係る分別収集及び再商品化の促進等に関する法律（容器包装リサイクル法）は，このような背景の下に1995（平成7）年に成立，97年から一部施行され，循環型社会形成推進基本法にあわせ，改正された。

　本法により，従来，市町村が分別回収し，焼却または埋め立てしていたものが，消費者が分別排出，市町村が分別回収，事業者が再商品化（マテリアルリサイクル）を行うこととされた。

　(a)　対象となる容器包装　　中身が商品であること，その商品がなくなったり，その商品と分離された場合に不要となるものが対象である。缶，ガラスびん，ペットボトル，紙パック，プラスチック製容器包装，紙製容器包装，段ボールの7種類が該当する。このうち，缶，紙パック，段ボールは分別収集した段階で有償のため再商品化の義務は生じない。再商品が義務づけられているものは**図表3-7-②**のとおりである。

　(b)　対象事業者と義務の履行方法　　対象事業者は以下の3者である。①特定容器利用事業者……容器の中身の製造事業者，②特定容器製造等事業者……

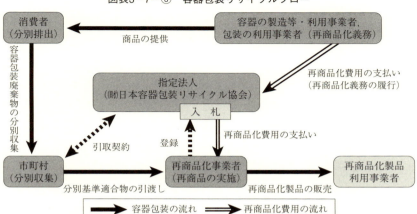

図表3-7-③　容器包装リサイクルフロー

出典：環境省ホームページ（http://www.env.go.jp/recycle/yoki/shitei/index.html）より。

容器の製造事業者，③特定包装利用事業者……製品を販売する流通事業者。

製造業等の場合，従業員21人以上または年間総売上2億4千万円以上，商業・サービス業の場合，従業員6人以上，または売上高700万円以上の事業者。

リサイクルに当たっては，主に2つのルートが決められている。

1つは，特定事業者が指定法人に自らの商品の義務量についての再商品化を委託するもので最も一般的である。指定法人としては，(財)日本容器包装リサイクル協会が指定されている。委託し，その債務を履行することによって，特定事業者は再商品化したものとみなされる。事業者は，その義務量に応じて委託料金を指定法人に支払うこととなる。実際は，指定法人が入札を行い，再商品化事業者が再商品化を行う（図表3-7-③）。

2つは，特定事業者が自らまたは指定法人以外の者に委託して再商品化を行うルートである。主務大臣の認定が必要である。

再商品化の義務を果たさないもの，いわゆる「ただ乗り事業者」に対しては，勧告，命令，公表を行い，従わない場合については罰金に処せられる。

(c)　成果と問題点　　本法の施行により，ペットボトル（1997〔平成9〕年度：19.4%→2015〔平成27〕年度：98.6%）およびプラスチック製容器包装（2000

〔平成12〕年度：27.3％→2015〔平成27〕年度：76.3％）のリサイクル率は大幅に増加した。また，一般廃棄物の最終処分場の残余年数は1995（平成7）年度：8.5年が2014（平成26）年度：20.1年と改善した。

　一方で，いくつかの問題点も明らかになった。

　(1)　リサイクルのためのリサイクル　　循環型社会形成推進基本法においては，3Rの中で廃棄物の発生抑制（リデュース）が最優先とされているにもかかわらず，大量排出・大量リサイクルにつながっており，真に環境への負荷を低減させる発生抑制にはほとんど貢献していないと批判されている。

　(2)　社会的コストの増加　　特に分別回収・選別保管する市町村の負担が大きい（2003〔平成15〕年度で約3,000億円）。製造事業者にその負担を求めることにより，事業者に廃棄物，リサイクルを念頭に置いて製品設計を考えさせ，拡大生産者責任の徹底をするべきだとの主張が消費者団体，有識者から行われている。

　(3)　ただ乗り事業者　　容器包装（商品の容器および包装自体が有償である場合を含む）を利用して商品を販売する事業者や，容器を製造・輸入する特定事業者は，この㈶日本容器包装リサイクル協会に委託料を支払うことによりリサイクル義務を果たしたものとみなされる。しかし，このリサイクル義務をきちんと果たしていない事業者，いわゆる「ただ乗り事業者」がいまだ一定数存在しており，事業者間の不公平が発生している。

　(4)　使用済みペットボトルの海外流出　　ペットボトルの市町村分別収集量が年々増えているにもかかわらず，2000年代の一時期海外事業者にペットボトルが流出した。このため，せっかく国内でのリサイクル体制が築かれたが再商品化事業者が厳しい経営環境を強いられることとなった。

　(d)　法改正（2006年6月）　　上記のような課題を踏まえ，2006（平成18）年の法改正により以下のような改正が行われた。

　(1)　排出抑制推進員制度の設置　　環境負荷の少ないライフスタイルを提案しその実践を促す影響力のある著名人やオピニオンリーダー等を容器包装廃棄物排出抑制推進員として環境大臣から委嘱，推進員（愛称「3R推進マイスター」）は，容器包装廃棄物の排出の状況や排出抑制の取組みの調査，消費者への指

導・助言等を通じて，消費者のリデュースに関する意識啓発等を行う。

　(2)　事業者に対する排出抑制を促進するための措置の導入　　レジ袋等の容器包装を多く用いる小売業者に対し，国が定める判断の基準に基づき，容器包装の使用合理化のための目標の設定，容器包装の有償化，マイバッグの配布等の排出の抑制の促進等の取組みを求める。また，容器包装を年間50t 以上用いる多量利用事業者には，毎年取組状況等について国に報告を行うことを義務づけた。

　(3)　事業者が市町村に資金を拠出する仕組みの創設　　分別収集をすればするほど市町村の財政を圧迫する状態が生じていた。市町村が質の高い分別収集（異物の除去，消費者への適正な分別排出の徹底等）を実施した場合，リサイクルに要する費用が低減され，当初想定していた費用（想定額）を下回った部分のうち，市町村の分別収集によるリサイクルの合理化への寄与度に応じ，事業者が市町村に資金を拠出する仕組みを創設した。

　(4)　ただ乗り事業者に対する罰則の強化　　「ただ乗り事業者」対策を強化するため，主務大臣からの命令があったにもかかわらず，リサイクル義務を履行しない場合の罰則が50万円以下の罰金から，100万円以下の罰金に引き上げられた。

　(5)　ペットボトルの国外流出対処措置　　原油価格の高騰や資源としての価値の高まりを受け，年間約20万 t（2004年度時点）が中国，香港等の国外へ流出し，国内の円滑なリサイクルの実施に支障を来たした（ただし，2008年から経済情勢の悪化に伴い事態が変化）。このため，容器包装廃棄物の円滑なリサイクルを図るため，「再商品化のための円滑な引渡し」を基本方針に定める事項に追加して国の方針を明らかにした。　これを受け，市町村は，分別収集計画に従い，リサイクル施設の施設能力を勘案して，指定法人等に分別基準適合物を円滑に引き渡すことが必要であること，市町村の実情に応じて指定法人等に引き渡されない場合にあっても，市町村は，環境保全対策に万全を期しつつ適正に処理されていることを確認し，住民への情報提供に努める必要があることが決められた。

　(6)　プラスチック製容器包装のサーマルリカバリー（2007年施行）　　市町村

による分別収集の拡大により，今後の5年間でプラスチック製容器包装の分別収集量がリサイクル可能量を上回る可能性があることから，このような場合の緊急避難的・補完的な対応として，プラスチック製容器包装を固形燃料等の原材料として焼却処分することがサーマルリサイクルとして認められることとなった。これにより，かなり多くの市町村で焼却がおこなわれている。

(7) ペットボトルの容器包装区分の変更（2008年施行） 容器包装区分のうちペットボトルについては，「しょうゆ・飲料」を容れたペットボトルに限られていたが，それ以外の商品を容れたペットボトルにも再生利用に適したものが存在することから，新たにペットボトル区分の中に「しょうゆ加工品，みりん風調味料，食酢，調味酢，ドレッシングタイプ調味料」（ただし，食用油脂を含むもの，簡易な洗浄で内容物や臭いを除去できないものを除く）を入れたペットボトルが追加された。

5 家電リサイクル法

従来，廃家電製品は約半分が直接埋立て処理され，残りは破砕処理されていたが，金属回収等はほとんど行われておらず，破砕処理された廃棄物の埋立地は逼迫していた。

しかも，これらの処理費用は市町村が税金から支払っていた。廃棄物の減量と再生資源の十分な利用等を通じて廃棄物の適正な処理と資源の有効な利用を図り，循環型社会を実現していくため，使用済み廃家電製品の製造業者等および小売業者に新たに義務を課すことを基本とする新しい再商品化の仕組みを定めた特定家庭用機器再商品化法（家電リサイクル法）が1998（平成10）年6月に制定され，2001（平成13）年4月から施行された（**図表3-7-④**）。循環型社会をめざすため，製造業者，小売業者に廃家電製品の引取り，再商品化義務を課すものであり，エアコン，テレビ（ブラウン管，液晶，プラズマ），冷蔵庫・冷凍庫，洗濯機・衣類乾燥機の4品目が対象機器として政令で指定されている。

(a) 関係者の役割 消費者は廃家電製品の再商品化が確実に行われるよう，小売業者に確実に引き渡し，収集・再商品化の料金の支払いに応ずる義務がある（6条）。

小売業者は，自らが過去に販売した対象機器の小売販売に際し引取りを求め

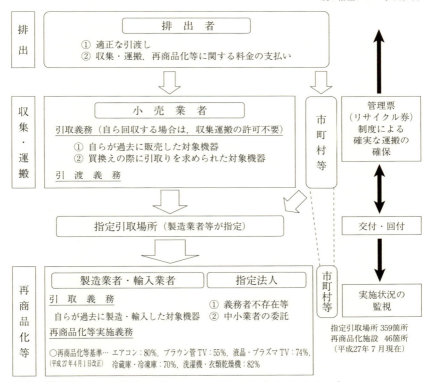

図表3-7-④　家電リサイクル法の仕組み

られた同種の対象機器を引き取る義務がある（9条）。これに対する違反には，勧告，命令，罰則が規定されている。また，引き取った対象機器は製造業者等（製造業者および輸入業者）に引き渡す義務がある。実際には収集運搬業者によって指定引取り場所に運ばれる。

　製造業者等は，指定引取り場所において対象機器を引き取る義務がある。これに対する違反には，勧告，命令，罰則が規定されている。引き取った機器に

ついては，再商品化基準等（リサイクル率：エアコン80％以上，ブラウン管式テレビ55％以上，液晶・プラズマテレビ74％以上，冷蔵庫等70％以上，・洗濯機等82％以上）に従って工場でリサイクルが行われる。2014（平成26）年度に，全国の指定引取り場所において引き取られた廃家電４品目は，約1,086万台であった。また，再商品化等の状況については，エアコンで92％（法定基準80％），ブラウン管式テレビで75％（同55％），液晶・プラズマテレビで89％（同74％），冷蔵庫・冷凍庫で80％（同70％），洗濯機・衣類乾燥機で88％（同82％）と，法定基準を上回る再商品化率が達成されている。

　なお，家電リサイクル法では自治体による収集を認めているが，これは山間僻地での収集を事業者に行わせることは事実上難しいとの判断からである。

　(b)　管理票（マニフェスト）制度　　家電リサイクル法では，確実に製造業者にまで運搬されることを担保するため，リサイクル券と呼ばれる管理票を小売業者が発行し，運搬ルートを追跡できる制度がとられている。本券は５枚つづりとなっており，消費者控え，小売店控え，現品貼付け，指定引取り場所控え，指定引取り場所から小売店への回付表からなる。

　(c)　問　題　点　　(1)　廃棄時の消費者負担　　法制定時にかなりの議論が行われた。廃棄時徴収がとられた理由としては，３億台にも上る既製品の料金を徴収することが困難であったこと，購入時に排出時のリサイクル費用を算定することが困難であったこと，購入から廃棄までに製造業者が倒産したときに製品のリサイクルが困難であったこと，および市町村の大型ごみ制度の存在，排出時に負担することによりコスト意識が働き，長期使用，リデュースにつながること，価格に転嫁することは値上げにみえてしまうことなどがある。しかし，長期使用しようとしても低価格で修理する体制がない場合は，結局廃棄して，新製品を購入せざるをえないという問題もある。なお，後述する自動車リサイクル法では，消費者の販売時徴収とされた。

　拡大生産者責任を徹底し，製造事業者が販売価格に上乗せして徴収することが，リサイクルしやすい製品の設計等にもつながることや不法投棄の防止のためにも，製造事業者の販売時徴収とすることが妥当ではないかと考えられる。

　(2)　不法投棄台数の増加　　特に市町村から不法投棄への懸念が示されてい

た。環境省の推計では，家電4品目の不法投棄台数は法施行前の2000（平成12）年度の約12万2,000台が施行後の2001（平成13）年度：約13万9,000台，2002（平成14）年度：約16万6,000台，2003（平成15）年度：17万6,000台まで増加したが，その後は減少傾向となっている。

　なお，2010（平成22）年のエコポイント制度の導入，2011（平成23）年7月のテレビの地上デジタル放送への移行に伴い，大量の家電機器の廃棄・リサイクル処理が予想されたが，不法投棄の増加等の問題は顕在化していない。

6　小型家電リサイクル法

　使用済小型電子機器等に利用されている金属等の有用な部分が回収されずに廃棄されていることから，廃棄物の適正な処理と資源の有効利用を目的として，2013（平成25）年に使用済小型電子機器等の再資源化の促進に関する法律（小型家電リサイクル法）が施行された。背景として，小型家電に含まれるアルミ，貴金属，レアメタルなどが，リサイクルされずに埋め立てられていることへの対応が急務であった。

　再資源化事業を行おうとする者が事業計画を作成し，主務大臣の認定を受けることで，廃棄物処理業の許可を不要とし，再資源化を促進する制度であり，一般消費者が通常生活の用に供する電子機器その他の電気機械器具のうち，効率的な収集運搬が可能であって，再資源化が特に必要なものが政令で指定される。携帯電話，デジカメ，ラジオなどほとんどの小型家電が対象となる。

　消費者は市町村の指定した回収ボックス等に排出，市町村は分別回収して認定事業者に引き渡し，金属の回収など資源化が行われるという流れになる。

　なお，東京都は2020年の東京オリンピックに向けて使用済み携帯電話・スマートフォン・タブレットを回収する「都市鉱山からつくる！みんなのメダルプロジェクト」を実施している。

7　自動車リサイクル法

　自動車販売台数は年間600万台程度，排出される自動車が年間500万台程度，10年程度で廃棄される。1994（平成6）年に，廃棄物処理法の施行令が改正され，95年から自動車のシュレッダーダスト（ASR）が安定型処分場に捨てられなくなり，処理費用が高騰するとともに，鉄くずの価格が下がり，市場に委ね

ていたのでは有償で循環しない状況となった。このため，不法投棄のおそれが高まり，使用済自動車のリサイクル・適正処理の制度が必要となり，2002（平成14）年7月に使用済自動車の再資源化等に関する法律（自動車リサイクル法）が制定された。

(a) 関係者の役割　　自動車所有者は使用済みになった自動車を引取り業者に引き渡さなければならない。

自動車製造業者，輸入業者（自動車製造業者等）は，自らが製造または輸入した自動車が使用済みとなった場合，その自動車から発生するフロン類，エアバッグおよびシュレッダーダストを引き取り，リサイクルを適正に行う。ただし，製造事業者の扱う量が小規模の場合，製造業者が倒産した場合，個人輸入の車の場合，指定再資源化機関（㈶自動車リサイクル促進センター）が代わりにリサイクルを行う。

引取り業者（自動車販売，整備業者等）は都道府県知事の登録を受け，自動車所有者から使用済み自動車を引き取り，フロン類回収業者または解体業者に引き渡さなければならない。

フロン類回収業者は都道府県知事の登録を受け，フロン類を適正に回収し，自動車製造業者等にフロン類の回収費用を請求できる。

解体業者，破砕業者は，都道府県知事の許可を受け，使用済み自動車のリサイクルを適正に行い，エアバッグ，シュレッダーダストを自動車製造業者等に引き渡さなければならない。回収費用は自動車製造業者等に請求できる。

リサイクルを適正に行わない関係事業者については，都道府県知事が指導，勧告，命令を行い，悪質業者に対しては，登録・許可の取消や罰則の処分が行われる。

(b) 費用負担　　使用済自動車のフロン類の回収・破壊，エアバッグ，シュレッダーダストのリサイクル費用（再資源化預託金）に関しては，自動車の所有者が負担する。法施行後に販売される自動車については新車販売時，すでに販売されていた自動車については最初の車検時までとされている。リサイクル料金はあらかじめ自動車製造業者等が自動車ごと，3品目ごとに定め公表する。資金は資金管理法人（㈶自動車リサイクル促進センター）が管理する。

徴収されたリサイクル料金について，輸出された中古車や解体自動車の場合，料金が剰余金として発生する。中古車については，料金が返還されることとなる。

電子管理票（マニフェスト）制度を導入し，使用済み自動車が各段階の事業者において確実にリサイクルできたことを確認できる情報管理システムを導入している。情報の管理については，情報管理センター（㈶自動車リサイクル促進センター）がこれに当たる。

（c）課題　(1)　リサイクル対象品目の限定　　フロン類，エアバッグ，シュレッダーダストの３品目に限定されている。しかし，これら以外にもオイルやタイヤなど逆有償で処理が必要と考えられるものがある。今後の拡大が望まれる。

(2)　拡大生産者責任の不徹底　　家電リサイクル法では排出時の消費者負担であったが，本法では不法投棄増加の懸念もあり，購入時負担とされた。しかし，リサイクル料金はユーザー負担とされており，製造業者のリサイクルに配慮した自動車を作っていこうというインセンティブは働かない。製造業者が新車販売時にリサイクル料金を販売価格に上乗せして売却することが望まれる。

8　その他のリサイクル法

（a）建設リサイクル法　　建設廃棄物は産業廃棄物全体の排出量の約２割，最終処分量の約４割を占めており，不法投棄の対象もほとんどが建設廃棄物である（→**2-3-4**参照）。リサイクルについては，アスファルト塊，コンクリート塊を除き，あまり進んでいないこと，高度経済成長期に建設された建築物の建替時期を迎える2000（平成12）年から急増すると見込まれたため，建設工事に関する資材の再資源化等に関する法律（建設リサイクル法）が同年に制定された。

　一定規模以上の建築物その他の工作物に関する建設工事の受注者（元請業者，下請業者）は，当該建築物等に含まれている特定の建設資材の分別解体等を行うことが義務づけられる。特定の建設資材としては，コンクリート，コンクリートおよび鉄からなる建設資材，アスファルト，木材の４品目が定められている。木材については，一定距離内に再資源化施設がないなど，再資源化が困

図表3-7-⑤　建設リサイクル法の概要

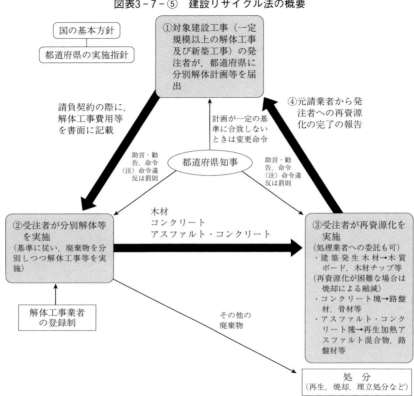

出典：環境省ホームページ（http://www.env.go.jp/recycle/build/gaiyo.html）より。

難な場合には「縮減」，すなわち焼却，脱水などにより減量化することが認められる。

　発注者は，工事着手の7日前までに，建築物の構造，工事着手時期，分別解体等の計画等について，都道府県知事に届け出なければならない。元請業者は再資源化等が完了したときは，その旨を発注者に書面で報告するとともに，再資源化等の実施状況に関する記録を作成し，保存しなければならない。

　解体工事業者は，解体工事の現場ごとに，公衆の見やすい場所に標識を掲示しなければならない。適正な解体工事の実施を確保するため，解体工事業者の

登録制度および解体工事現場への技術管理者の配置が定められている。

(b) 食品リサイクル法　　食品廃棄物は，製造段階の動物性残渣，流通段階の売れ残り食品，消費段階の食べ残しからなる。1996（平成8）年には合計1940万tに上り，再生利用率はきわめて低かった。このため，食品廃棄物の発生抑制と減量化による処分量の減少，再生資源の利用のため「食品循環資源の再生利用等の促進に関する法律（食品リサイクル法）」が2000（平成12）年6月に制定された。

委託による再生利用を促進するため，食品循環資源の肥飼料化等を行う事業者についての登録制度を設けた。これにより廃棄物処理法の特例として一般廃棄物収集運搬業者による登録事業場への運搬について，運搬先の許可を不要とした。また，肥料取締法，肥料安全法の特例として肥料・飼料の製造・販売の届出を不要とした。

さらに，食品関連事業者が，肥飼料化等を行う者および農林漁業者等の利用者と共同して再生利用事業計画を作成し，それが適当である旨の認定を受ける仕組みを設け，三者一体の再生利用を促進することとしている。

日本の食料自給率は39％（2015（平成27）年度）で，大半を輸入に頼っている。一方で，日本国内における年間の食品廃棄量は，食料消費全体の3割にあたる約2,800万トンで，このうち売れ残りや期限を超えた食品，食べ残しなど，本来食べられたはずの，いわゆる「食品ロス」は約632万トンとされている。日本人1人当たりに換算すると，"お茶碗約1杯分（約136g）の食べ物"が毎日捨てられている。

これを解消するため業界の食品貯蔵ルールの改善，NPO法人等への寄付，レストランでの食べ残しの削減，自己責任による持ち帰りの必要性について検討が望まれる。

9　グリーン購入法

2001年から施行された「国等による環境物品等の調達の推進等に関する法律（グリーン購入法）」は，国等の公共部門における環境負荷の低減に資する調達の推進と情報提供により「環境負荷の少ない持続可能な社会の構築」を目的としている。毎年度，調達方針に基づく調達の推進，調達実績のとりまとめと公

表，環境大臣への通知を義務づけている。一方で，地方自治体については調達の推進が努力義務とされており，また，事業者および国民に対してもできる限り環境物品等を選択するように求める一般的責務にとどまっており，グリーン購入を全国に拡大するためのツールとしては課題のあるものとなっている。たとえば，環境省の全国地方自治体に対する調査（2015年）でも，グリーン購入を実施できない要因は都道府県・政令市は「グリーン購入関連製品であることの判断がしにくい」が41.8％で一番多く，区市，町村ではともに「人的余裕がない，担当者の負担が増える」が一番多く，それぞれ51.9％，69.4％であった。次に組織的取組をしていない団体（区市，町村のみ）を抽出した場合，実施できない要因として「人的余裕がない，担当者の負担が増える」「各課部局で調達を行っているため統括した取組ができない」が上位に，その他「グリーン購入に対する組織的な意識が低い」「仕組みや運用等の具体的事務がわからない」が多くなっている。

グリーン購入のトップランナーの滋賀県は，グリーン入札制度を2005年12月に導入した。滋賀県制度の登録対象者は，①中小企業者，競争入札参加資格者名簿に登録されていること，②県内に本店，支店，営業所を有すること，③「ISO14001」，IGES の「エコアクション21認証・登録制度」，京のアジェンダ21フォーラムの「KES・環境マネジメントシステム・スタンダード」の認証

Topic ⑱　グリーン購入

　製品やサービスを購入する際に，必要性を十分に考え，価格，機能，利便性，デザインという要素のみならず，環境のことを考慮して環境への負荷ができるだけ少ないものを優先的に選んで購入することをグリーン購入という。これにより，環境配慮型の市場が広がり，供給側の企業に環境負荷の少ない製品等の普及開発・提供を促すこととなる。1996年2月には，グリーン購入の普及促進と情報提供を目的として，環境省，地方自治体，企業，NGO，学識経験者の参加の下にグリーン購入ネットワークが形成されるとともに，国等による環境物品等の調達の推進等に関する法律（グリーン購入法）が公布された。課題として，義務づけが公的機関にとどまっていること，環境配慮型製品の価格が高いことなどが挙げられる。

（淡路剛久編集代表『環境法辞典』〔有斐閣〕より）

（→**4-2-1**参照），「GP プラン滋賀」の登録のいずれかを有することである。GP
プラン滋賀の登録には，事業者がオフィスで目標を定めてグリーン購入に取り
組んでもらうことが条件となっている。

　グリーン購入は，消費者が市場を通じて企業に「グリーンな製品・サービ
ス」の開発を促し，環境を考えた経営を促進すること，使用時のエネルギーや
資源の消費を低減し，廃棄物の発生を抑えること，行政，企業，消費者の協働
により環境負荷を低減し，持続可能な社会を構築することを目的としている。
この面からは，前述のとおりグリーン購入法は不十分であり，企業や消費者の
行動を触発するものとなっていない。環境配慮製品の価格の高さ，判断基準の
複雑さ，調達のマニュアルやベストプラクティスの不在なども関係している。

　また，地域のグリーン購入ネットワーク（GPN）の広がりも必ずしも十分で
なく，グリーン入札制度も広がりを欠いている。

　国は，2007年「環境配慮契約法」を制定した。国の各機関や公的機関を対象
とし，価格だけでなく環境負荷をも考慮した契約を推進するものである。環境
負荷や二酸化炭素の排出を低減しようとするものであり，公的機関に限れば，
取組みは徐々に広がりつつあるといえる。

3-8　有害化学物質対策

3-8-1　現状と対策

　20世紀は科学技術の世紀と呼ばれ，人類は多くの新たな化学物質を生み出し
た。「奇跡の化学物質」と呼ばれた農薬のDDTは開発者がノーベル賞を受賞
したが，一方で，米国の海洋生物学者レイチェル・カーソンが，『沈黙の春』
で警鐘を鳴らし，現在では有害物質として規制されている。優れた安定性で絶
縁体として多用されたポリ塩化ビフェニール（PCB）は，カネミ油症事件を引
き起こし，哺乳動物の体内への高度な蓄積が報告されている。無害の物質であ
り冷媒として重宝された特定フロン（CFC等）はオゾン層を破壊する物質であ

ることが判明した。化学物質はこのように我々の生活を快適で便利なものとする一方，様々な弊害をもたらす両刃の剣としての性格をもつものであり，その適正な扱いは人類に突きつけられた大きな課題といえる。人類や生態系への影響のメカニズムはいま一つ解明されていないため，予防原則で対応するしかないと考えられる。

化学物質は，物の生産に使用したり，物の焼却等により非意図的に生成されたりする。推計で約5万種以上の化学物質が流通しているといわれる。日本の化学産業は，米国および西ヨーロッパとならんで世界最大規模である。1990年代の後半には，1人当たりの国内需要量は1,620ドルと世界最大であった。私たちは化学物質に取り囲まれた中で暮らしているといっても過言ではない（→**2-4**参照）。

なかでも，有害で蓄積性のある化学物質は，人体や生態系に取り返しのつかない影響を与えるため1992年6月のリオ・サミットにおける「アジェンダ21」，1998年9月の「国際貿易の対象となる化学物質及び駆除剤についての事前の，かつ情報に基づくロッテルダム条約」によって国際的な取組みも進められてきた。また，2001年5月には，ホッキョクグマやアザラシからPCBが検出されたこともあり「残留性有機汚染物質に関するストックホルム条約（いわゆるPOPs条約）」が採択され，残留性有機汚染物質の製造・使用の禁止，制限，排出削減，適正管理等についての取決めがなされている。2006年12月，欧州では「化学物質の登録，評価，認可及び制限に関する規則」（REACH〔リーチ〕：Registration, Evaluation, Authorisation and Restriction of Chemicals）が成立した。REACHは，既存化学物質・新規化学物質という従来の規制の枠組みを越えた新たな登録等の制度をはじめ，リスクの観点からの化学物質管理の推進，事業者へのリスク評価の義務づけ，流通経路を通じた情報伝達，製品中に含まれる化学物質対策といった新しい考え方が盛り込まれている。

日本では，1973年に制定された化学物質審査規制法，および1999年に制定された「特定化学物質の環境への排出量の把握等及び管理の改善の促進に関する法律（PRTR法）」がある。わが国でもREACHの制定などを受け，化学業界のみならず化学物質を利用する様々な業種の企業において対応が求められてい

る。

2013（平成25）年10月に熊本市・水俣市で開催された外交会議において「水銀に関する水俣条約」（Minamata Convention on Mercury）が採択された。同条約は，水銀及び水銀化合物の人為的排出から人の健康及び環境を保護することを目的としており，採掘から流通，使用，廃棄に至る水銀のライフサイクルにわたる適正な管理と排出の削減を定めるものである。わが国は，2016（平成28）年2月2日に条約を締結し，2017（平成29）年8月16日に発効した。

3-8-2　化学物質審査規制法（化審法）

本法は，安全性評価後，難分解性で人の健康を損なうおそれのある新規化学物質の製造，輸入，使用を禁止または規制することが目的である。法制定時の既存化学物質約2万種類も難分解性，毒性が認められた時点で規制することとされた。ただし，農薬，肥料，食品添加物，医薬品は，それぞれ農薬取締法，食品衛生法，薬事法などですでに規制されていたためこれらの法が優先されたこと，生態系に対する毒性の配慮がなかったことから改善要望の声があった。

このため，同法は2003（平成15）年に改正され，動植物への毒性という視点が取り入れられることとなった。また，2009（平成21）年の改正により環境中で分解しやすい化学物質の対象化や第一種特定化学物質の使用の制限に係る措置などが施行された。

化審法は，化学物質の有する性状のうち，「分解性」，「蓄積性」，「人への長期毒性」又は「動植物への毒性」といった性状や環境中での残留状況に着目し，これらに応じて規制等の程度や態様を異ならせ，市場での継続的な管理を実施するものである。

現行法の仕組みは，新規化学物質のうち，高濃縮でなく製造・輸入が年間10トン以下，年間1トン以下の少量新規，中間物等，低懸念高分子化合物の場合は，製造，輸入が可能となり事後監視の対象となる。また，「難分解性・高蓄積性・人への長期毒性または高次捕食動物への長期毒性あり」とされた場合，「第一種特定化学物質」として，製造・輸入許可制（事実上禁止），政令指定製品の輸入禁止，環境汚染防止措置等の表示義務，回収等措置命令等が発せられ，

図表3-8-① 化審法の体系

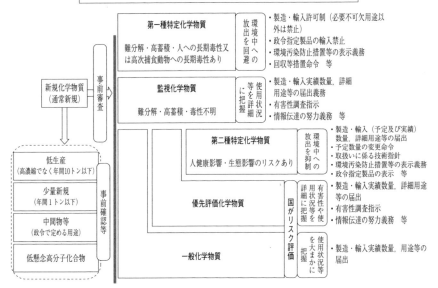

出典:経済産業省ホームページ (http://www.meti.go.jp/policy/chemical_management/kasinhou/files/about/law_scope.pdf)。

環境中への放出が回避されることとなる。一方,「難分解・高蓄積・毒性不明」の場合,「監視化学物質」として,製造・輸入実績数量,用途等の届け出義務,有害性調査指示,情報伝達の努力義務等が課されるなど,使用状況等を詳細に把握する。

　その他,毒性の違いにより,「第二種特定化学物質」として,人の健康影響・生態影響のリスクがある場合は環境中への抑制が行われる場合のほか,有害性や使用状況等を詳細に把握し国がリスク評価する「優先評価化学物質」,既存の化学物質で,使用状況を大まかに把握して国がリスク評価する「一般化学物質」という仕分けをして管理される。

3-8-3　PRTR法または化学物質管理促進法（化管法）

　化学物質の排出に関する情報を国が1年ごとにまとめて公表する制度を環境汚染物質排出・移動登録，略称PRTR（Pollutant Release and Transfer Register）という。

　海外のPRTRであるが，米国ではユニオンカーバイト社がインドのボパールで1984年に起こした史上最悪の化学工場爆発事故および85年のウェストバージニアでの漏洩事故を契機に，化学物質がどのくらい使われ，排出しているかを住民は知る必要があるとの世論が高まり，86年に「有害物質排出目録制度（TRI）」が始まった。オーストラリアでは92年から検討され，行政，産業界，NGOの代表らによる協議を経て94年よりパイロットプロジェクトが実施された。その他，カナダ，英国，オランダでも実施されている。

　PRTRの重要性が広く認められるようになったのは，リオ・サミットで採択されたアジェンダ21において，情報の伝達・交換を通じた化学物質の管理，化学物質のライフサイクル全体を考慮に入れたリスク削減の手法と位置づけについて，各国の政府は，国際機関，産業界と協力して構築すべきとされたことに始まる。また，リオ宣言の原則10では，個人が有害物質の情報を含め，国などがもつ環境に関連した情報を入手して意思決定のプロセスに参加できなければならないとされた。1996（平成8）年のOECD理事会勧告を受け，99年に制定されたのが，特定化学物質の環境への排出量の把握等及び管理の改善の促進に関する法律（PRTR法または化学物質管理促進法〔化管法〕）である。

1　法律の概要

　（a）目　　的　　化学物質を取り扱う事業者がどれだけの化学物質を環境へ排出しているか自ら把握して届けることにより，自主的な管理を促進，環境保全上の支障を未然に防止することを目的とする。これにより，多くの化学物質の排出状況がわかり，行政施策や事業者の自主的取組みが促進されるとともに，市民，企業，行政が同じ情報を共有し，化学物質による環境リスクへの理解を深めることが可能となる。

　（b）対象有害化学物質　　人の健康や生態系に有害なおそれがあるなどの性状を有するものである。「第1種指定化学物質（462物質）」が指定されている。

そのうち，発ガン性，生殖細胞変異原性および生殖発生毒性が認められる物質は「特定第1種指定化学物質」と呼ばれ，15種類（石綿，エチレンオキシド，カドミウム，クロム，クロロエチレン，ダイオキシン類，鉛化合物，ニッケル化合物，砒素，ベリリウム，ベンゼン，ホルムアルデヒドなど）が指定されている。なお，第1種，第2種指定化学物質（562物質）を他の事業者と取引するすべての事業者にSDS（Safety Data Sheet，安全データシート）と呼ばれるデータの提供義務が課せられる。

(c) 対象事業者　以下の3つの条件に合致する事業者である。全国670万の事業所のうち，数万事業所が該当する。

①対象業種：24業種，②従業員数：常用雇用21人以上の事業所，③第1種指定化学物質のいずれかを1年間に1t以上（特定第1種指定化学物質は0.5t以上）取り扱う事業所を有する事業者または他法令で定める特定の施設を設置している事業者。

(d) 届　　出　原則として，都道府県に届け出る。ただし，秘密物質は国へ直接届け出る。排出量は，排出と移動の2つに分類して届出を行う。排出とは，大気，公共用水域（河川，海），土壌，当該事業所における埋め立て処分を指す。また，移動は，下水道への移動，事業所の外への移動を指す。ただし，①届出の対象となっていない小規模な事業者，②農業での農薬など法対象業種でないもの，③塗料，防虫剤のような家庭からの排出，④自動車，航空機，船舶のような移動体からの排出は，国が推計する。届出義務違反に対しては，20万円の過料が科せられる。

(e) 公　　表　データは年1回公表されることとなっている。

2015（平成27）年度の排出量・移動量については，全国3万5,724カ所から届出がなされた。全物質の届出排出量と届出外排出量の合計の上位物質は，合成原材料や溶剤として用いられるトルエン（8.7万t），特殊鋼・電池などに使用されるマンガンおよびその化合物（5.3万t），キシレン（3.6万t），クロムおよび三価クロム化合物（2.2万t），エチルベンゼン（1.8万t）の順となっている（**図表3-8-②**）。排出・移動先については，排出は大気への排出が全体の46％，移動は事業所の外への排出が47％と特に多くなっている。

図表3-8-②　化学物質の排出量，移動量の集計結果（2015年度）

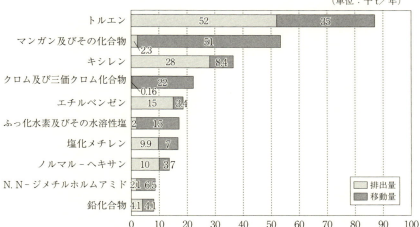

出典：経済産業省ホームページ（http://www.meti.go.jp/policy/chemical_management/law/prtr/h27kohyo/01press/betten1.pdf）。

2　意義と今後の課題

本制度は，対象化学物質を広く捉え，排出場所が特定されていない非点源からの排出量の推計を国が行うこととされたもので高く評価されている。PRTR情報の公開をきっかけに，人の「健康保護」のための規制だけを基にした有害化学物質管理から，「情報公開」と「リスク・コミュニケーション」（→**3-3-1・3参照**）を基にした自主的で総合的な有害化学物質管理へと変わることが期待されている。

さらに，従来の社会問題化した少数の特定有害物質の媒体別管理から多数の有害物質の総合安全管理，人の健康だけを考えた有害物質管理から生態系保護も考えた有害物質管理，規制の遵守を監視する警察的行政から事業者や市民との協働による行政へ，濃度管理から負荷量管理，規制を守るだけの企業からリスク・コミュニケーションを基にした自主的な環境リスク管理を進める企業への転換，食品残留基準中心の農薬管理から環境影響も考慮した農薬管理，無関心な消費生活者から環境を配慮した製品選択や生活様式に心がける市民への転換などの効果が期待されている。

本制度は事業者側においては削減義務はないが，排出量を数値として把握することで自主的な削減努力に結びつくことが期待されている。市民，NGO，地方自治体が制度について理解を深め，化学物質の環境への悪影響を減少させていく共通認識と努力が求められる。

3-8-4　シックハウス症候群防止対策

近年，住宅の高気密化の進行により，建材等から発生する化学物質などによる室内空気汚染等とそれによる健康への影響が指摘されており，シックハウス症候群と呼ばれている（→**2-4-2**参照）。症状が進むと化学物質過敏症になる。揮発性有機化学物質（VOC）などの化学物質による空気汚染，カビ，ダニの繁殖，石油・ガスストーブからの汚染物質，たばこの煙などが原因とされている。人による個人差が大きい。通気性をよくすること，建材に化学物質をできるだけ使わないことなどが対策として効果的とされる。

3-9　自然環境の保全

自然環境保全の目的については，1992（平成4）年の生物多様性に関する条約の採択以来，生物多様性の保護にあるとする考え方が一般化してきた。すなわち，遺伝子資源の保護，生物種・群の保護，生態系の保護，景観の保護である。

自然環境の保全に関する法律は，歴史的環境・景観アメニティーを含め，自然・文化環境保全法として捉えるのが一般的である。ここでは，自然環境の保全に重点を置き，地域的自然環境の保全，野生生物の保全を中心に論じる。

3-9-1　地域的自然環境の保全

自然公園法，自然環境保全法および自然再生推進法がある。

1873（明治6）年，太政官布達によってはじめて公園制度が設けられ，松島，

天橋立，厳島の日本三景などが公園に指定された。アメリカのナショナル・パーク制度の影響を受け，1931（昭和6）年に，国立公園法が制定された。34年には，瀬戸内海，雲仙，霧島がわが国の最初の国立公園として指定された。49年には，同法が改正され，国立公園に準ずる区域（国定公園の前身）が指定された。57年には，国立公園，国定公園，都道府県立自然公園を一元化するため，従来の国立公園法が廃止され，自然公園法が制定された。

　昭和40年代に入り，高度経済成長の中で開発が進み，自然公園においても破壊が進むこととなる。このため，より広い見地から総合的に捉えるべきとの主張がなされ，1972（昭和47）年に自然環境保全法が制定された。

　1　自然公園法

（a）目　的　等　　自然公園には，国立公園，国立公園に準ずる国定公園，都道府県条例で指定される都道府県立自然公園がある。

　法の目的は，優れた自然の風景地を保護し，利用の増進を図り，国民の保健，休養，教化に資することである（1条）。国立公園を「わが国の風景を代表するに足りる傑出した自然の風景地」として定義している。

　本法は，自然の保護と利用を謳っているが，利用に重点が置かれている。国立公園選定の要件を定めた「自然公園選定要領」では，「わが国の風景を代表するとともに，世界的にも誇りえる傑出した自然の風景であること」（第1要件）と「多人数の利用に適していること」を挙げており，生態系の優れた自然であっても，交通が不便な場所は指定されないこととなる。また，自然公園内には，国有地・私有地をまたがってゾーニング指定されており，財産権の尊重規定により環境保全機能が弱いものとなっている。

　2017（平成29）年9月現在，国立公園は全国で34カ所が指定されており，面積の合計は約219万 ha，日本の国土面積の約5.8％を占めている。また，国定公園は56カ所，141万 ha，都道府県立自然公園は311カ所，197万 ha となっている。

　自然公園では，公園区域の保護と利用のための計画（公園計画）を立て，計画に従って開発行為を規制するとともに，施設を整備するなどの「公園事業」が行われる。公園事業施設として，道路，広場，宿舎，休憩所，野営地，車庫

等がある。国立公園は，環境大臣が公園計画・公園事業を決定し，主に国が公園事業を執行する。国定公園は，公園計画は環境大臣が決定，公園事業は都道府県知事が決定し，執行する。都道府県立自然公園の管理運営は都道府県が行う。

国立公園を管理するために自然保護官（レンジャー）が置かれている（2007年度で260名）。

（b）行為規制　　特別保護地区，特別地域（第1種〜第3種），海中公園地区について，法律の定める行為をしようとする者は，国立公園については環境大臣が，国定公園については都道府県知事の許可を受けなければならない。許可・不許可の判断基準については，「国立公園内における各種行為に関する審査指針」が定められている。また，みだりにごみを捨て，騒音を発生することなどが禁止される。

利用調整地区は2002（平成14）年の改正で導入された。利用可能人数の設定等により自然生態系の保全と持続的利用を推進しようとするものである。立ち入りに当たっては，環境大臣または都道府県知事の認定を受けなければならず，手数料の規定も置かれている。

普通地域については，大規模な影響のある一定の行為について事前の届出義務が課せられるにとどまる。

不許可や許可に条件が付された場合など，規制により損失を受けたものに対しては，国は通常生ずべき損失を補償するものとしている（52条）が，今まで補償が認められた例はない。

2002年の改正により，地域密着型の公園管理を進めるため，環境大臣は国立公園について，都道府県知事は国定公園について，公園管理を行う公益法人，特定非営利活動法人（NPO）等を「公園管理団体」として指定する制度が設けられた。また，環境大臣，地方公共団体，公園管理団体が，公園内の自然風景地を管理する「風景地保護協定制度」が設けられた。

2010年の改正により，法の目的に「生物の多様性の確保に寄与すること」が追加された。また，海中の景観を維持するための海中公園地区が海域公園地区に改められるとともに，当該地区内で環境大臣が指定する区域および期間内に

おける動力船の使用等が許可を要する行為に追加された。さらに生態系の維持又は回復を図るため，国等が生態系維持回復事業計画を作成し，これに従って生態系維持回復事業を行うとともに，国等の公的主体以外の者についても，環境大臣等の認定を受けて，自然公園法上の許可等を要しないで当該事業を行うことができることとなった。

このほか，国立公園等の特別地域において環境大臣等の許可を要する行為として，一定の区域内での木竹の損傷，本来の生息地以外への動植物の放出等が追加された。

（c）問題点　同法の問題点としては，①保護と利用の両方の推進により観光開発の促進および自然破壊につながったこと，②民有地が多くを占める地域性公園であること，③景観保全の視点から開発規制をしており自然環境の保全では限界があること，④レンジャーが少ないことなどが指摘されている。

2　自然環境保全法

本法は自然分野の基本法として制定されたが，1993（平成5）年の環境基本法の制定により，自然保護の基本法的な規定の多くは削除された。

（a）目的等　自然環境を保全することが特に必要な区域等の自然環境の適正な保全を総合的に推進することにより，広く国民が自然環境の恵沢を享受するとともに，将来の国民にこれを継承できるようにすること等を目的としている（1条）。

自然公園法とは異なり，原生の状態を保持するなど，自然性の高い地域を保全することを目的とするものとなっている。行為規制の程度によって，原生自然環境保全地域，自然環境保全地域，都道府県自然環境保全地域の3種類がある。景観保全と利用を目的とする自然公園法の指定地域と重複して指定されることはない。

（b）原生自然環境保全地域　人の活動によって影響を受けることなく原生の状態を維持している地域である。原則として1,000ha以上の面積，国・地方公共団体の所有地に限定される。環境大臣は許可を受けない行為の中止，原状回復を命ずることができる。

2017（平成29）年3月現在，遠音別岳，十勝川源流，大井川源流，南硫黄島，

屋久島の5地域が指定されている。

(c) 自然環境保全地域　原生自然環境保全地域に次いで，自然的・社会的条件からみて自然環境を保全することが特に必要な地域である。高山性植生または亜高山性植生，天然林，特異な地形・地質，優れた自然環境を維持している海岸，湖沼，湿原，河川区域，野生動植物の生息地・自生地等が指定される（22条）。特別地区，海中特別地区を指定することができる。私有地も対象になるが実際にはほとんど指定されていない。2017（平成29）年3月現在，白神山地など10地域が指定されている。

(d) 都道府県自然環境保全地域　都道府県は，自然環境保全地域に準ずる土地の区域を指定できる。2017（平成29）年3月現在で546地域に及ぶが1地区の面積は狭い。

(e) 問題点　①開発との調整に留意する条項を置いていること，②特別地域の第2種，第3種地域での行為規制が弱すぎること，特に第3種地域の森林伐採が放任されていること，などである。

3-9-2　自然再生推進法

戦後，急速に自然が失われる中で，単に自然を守るだけでなく，過去に損なわれた生態系その他自然環境を再生・修復することが重要課題として認識され，2002（平成14）年の新生物多様性国家戦略において，「自然再生」が施策の柱の1つとされ，議員立法して同法が制定された。

(a) 目的等　本法の目的は，自然再生を総合的に推進し，生物多様性の確保を通じて自然と共生する社会の実現を図り，あわせて地球環境の保全に寄与することである。

「自然再生」は，過去に損なわれた生態系その他の自然環境を取り戻すことを目的として，関係する行政機関，地方自治体，地域住民，NPO，専門的知識をもつもの等，地域の多様な主体が参加して，自然環境を保全，再生，創出したり，その状態を維持管理することである。里地，里山などの二次的自然の再生も含まれる。

基本理念としては，地域の多様な主体の連携，透明性の確保，自主的かつ積

極的な取組みによることが定められ，地域主導で進めるべきことが強調されている。

（b）　事業の実施手順　　政府は自然再生基本方針を定める。地域住民，NPO，自然環境の専門家，関係行政機関等とともに「自然再生協議会」を組織する。この協議会において，「自然再生全体構想」を作成し，「自然再生事業実施計画」案の協議を行う。事業の実施者は，実施計画を作成し，同実施計画と全体構想を主務大臣，都道府県知事に送付する。

　国および地方自治体は，自然再生をするために必要な財政上の措置を講ずるよう努めるとともに，民間の団体等が実施する自然再生事業について，必要な協力をするよう努めなければならない。

（c）　問 題 点　　自然再生に特化した事業を対象とするだけで自然破壊型公共事業については対象とされていないこと，生物多様性を破壊する可能性について配慮していないこと，地域住民やNPOが事業実施主体になるには行政からの財政支援が欠かせないこと，現在残されている自然と再生されるべき自然との関連性が明らかでないことが指摘されている。

3-10　野生生物の保護

3-10-1　保護に関する法制度

　世界資源研究所によれば，地球上の生物の種の数は700〜2,000万といわれているが，1990〜2020年の間に主として熱帯雨林の減少により全世界の5〜15%の種が失われると予測されている。「環境省レッドリスト2017」によれば，絶滅危惧種は3,634種類となっている。原因として，生息地の破壊，乱獲，移入種の増加などが考えられる。1992（平成4）年の生物多様性条約の採択以来，生物多様性の維持，生態系の保全を自然環境の保全とすることが国際的関心事となった。生物種は，遺伝資源，生物資源として医薬品開発，農産物品種改良のほか，学術研究，レクリエーションなどの非経済的利用価値も有しており，

生物多様性の保全の意義は大きい（生物多様性については→2-12参照）。

関連する国際条約として，絶滅のおそれのある野生動植物の種の国際取引に関する条約（ワシントン条約），生物の多様性に関する条約（生物多様性条約），特に水鳥の生息地として国際的に重要な湿地に関する条約（ラムサール条約）および，世界の文化遺産及び自然遺産に関する条約がある。

わが国では，生物多様性条約批准後の1995（平成7）年に生態系保全の基本方針と施策の展開の方向を定めた「生物多様性国家戦略」が地球環境保全に関する関係閣僚会議で決定された。現在は2012（平成24）年に策定された，「生物多様性国家戦略2012～2020」が定められている。

2010（平成22）年10月に，生物多様性条約の第10回締約国会議（COP10）が名古屋市で開催され，ポスト2010年目標と ABS（遺伝資源のアクセスと利益配分）が話し合われた。この結果，2020（平成32）年までに生態系が強靱で基礎的なサービスを提供できるよう，生物多様性の損失を止めるために，実効的かつ緊急の行動を起こすとの趣旨の文言が盛り込まれた。また，最後まで調整が続いた保護地域については陸域17％，海域10％となるなど，20の個別目標（愛知目標）が合意された。

国内法としては，1895（明治28）年の狩猟法が起源となり，農林水産業の健全な発展，生物多様性の保全等を目的とした「鳥獣の保護及び狩猟の適正化に関する法律（鳥獣保護法）」，文化財として学術的価値の高い動植物・生息地を保護する「文化財保護法」，ワシントン条約に対する国内法として，捕獲規制，取引規制およびゾーニング規制を規定する「絶滅のおそれのある野生動植物の種の保存に関する法律（種の保存法）」，外来生物を規制する「特定外来生物による生態系等に係る被害の防止に関する法律（外来生物法）」，遺伝子組換生物の生態系への悪影響を規制する「遺伝子組換生物等の使用等の規制による生物の多様性の確保に関する法律（カルタヘナ法）」などがある。また，「地域における多様な主体の連携による生物多様性の保全のための活動の促進等に関する法律」（生物多様性地域連携促進法）がある。

以下では，種の保存法，外来生物法および生物多様性基本法について紹介する。

3-10-2 種の保存法

　絶滅のおそれのある野生動植物の種の保存に関する法律（種の保存法）は，希少野生動植物種を政令により指定し，その保存を図ることとしている。希少野生動植物種は次の3種類がある。

　①国際希少野生動植物種……主にワシントン条約と渡り鳥条約に関わる種（789分類）。

　②国内希少野生動植物種……日本に生息する種，2017（平成29）年1月時点で208種が指定されている。

　③緊急指定種……緊急に保存を図る必要がある種。

　規制の手法としては，国内希少野生動植物種と緊急指定種の生きている個体の捕獲が禁止される。また，希少野生動植物種の個体もしくは器官またはこれらの加工品について，譲渡，陳列が禁止される。希少野生動植物種の個体の輸出入も原則として禁止される。違法に輸入されたものについては，必要であれば返還させることができる。ただし，善意の譲受人には返還を命ずることができない。

　ゾーニング規制としては，環境大臣が国内希少野生動植物に関する生息地等保護区が指定される。保護区は「管理地区」と「監視地区」がある。管理地区は厳しい規制がかかり，その中には立入が規制される場合もある。本法には，財産権の尊重および国土の保全その他の公益との調整が必要とされることもあり，2012（平成24）年3月現在，9つの保護区が指定されているにすぎない。

3-10-3 外来生物法

　1993（平成5）年に発効した生物の多様性に関する条約8条(h)は，「生態系，生息地若しくは種を脅かす外来種の導入を防止し又はそのような外来種を制御し若しくは撲滅すること」を規定した。2002（平成14）年の条約第6回締約国会議で，条約指針原則が採択された。わが国は，新・生物多様性国家戦略（2002年）や翌年の中央環境審議会で外来種対策を位置づけ，2004年に特定外来生物による生態系等に係る被害の防止に関する法律（外来生物法）が制定された。

　本法の目的は，特定外来生物による生態系，人の生命・身体，農林水産業へ

の被害を防止し，生物の多様性の確保，人の生命・身体の保護，農林水産業の発展に寄与することにある。

「特定外来生物」は，次の2つの要件に該当するものから指定することとしており，学識経験者の意見を聴き，政令で指定される。指定されると「侵略的外来生物」と呼ばれる。①海外起源の外来生物（人間の移動や物流が盛んになり始めた明治時代以降に導入されたものが中心）で約2,000種あり，四季のクローバーのシロツメクサ，アメリカザリガニ，金魚の水草のホテイアオイも外来生物である。②生態系，人の生命・身体，農林水産業への被害を及ぼすもの，及ぼすおそれのあるものである。具体的には，在来の生き物を食べることによる本来の生態系の撹乱（グリーンアノールなど），在来の植物の生活の場を奪ったり，在来生物と同じ餌を食べる，近縁の在来生物と交雑し遺伝的独自性がなくなる（タイワンザルなど），毒をもっていることによる影響（セアカゴケグモなど），農林水産物を食べたり畑を踏み荒らす，などの理由が挙げられる。

2016（平成28）年1月現在，133種類が指定されている。

規制については，①未判定外来生物の指定，②特定外来生物の飼養，栽培，保管または運搬および輸入の規制，③防除により行われる。

①未判定外来生物の指定……被害を及ぼすおそれの疑いがあるか，実態がよくわかっていない海外起源の外来生物で，特定外来生物と生態系等への同種の被害を及ぼすおそれのある疑いのある生物を輸入する場合は届出の必要がある。環境大臣の判断により，影響を及ぼすおそれがある場合は特定外来生物に指定される（ブラックリスト方式）。

②特定外来生物の飼養，輸入等の禁止……輸入の原則禁止，野外へ放つ，植えるおよび撒くことの禁止，飼養等の許可をもっていないものに対する譲渡，引渡しなどの禁止，許可を受けての飼養等の場合，マイクロチップを埋め込むなどの個別認識の措置を講じる義務がある。ただし，キャッチアンドリリースは規制対象でない。

販売，頒布目的での特定外来生物の飼養等については，個人の場合3年以下の懲役もしくは300万円以下の罰金，法人の場合1億円以下の罰金に処せられる。

③防除……主務大臣等は，防除の対象，区域，期間，内容等を公示して防除を実施する。地方公共団体，NPO も主務大臣の確認，認定を受け防除を行うことができる。

　2013（平成25）年の法改正により，これまで法の対象とされていなかった外来生物が交雑したことにより生じた生物も外来生物に含まれることとなった。

　本法については，予防原則的アプローチからはより厳しい内容とすべきこと，科学的に不確実な環境問題について情報公開，公衆参加を取り入れるべきこと，特定外来生物の指定に当たっては生態系への影響だけでなく社会的な評価，価値観も入っているのではないか（ウチダザリガニは指定されているが学校の授業で使うアメリカザリガニは指定されていないなど）との提案や指摘がされている。

3-10-4　生物多様性基本法

　COP10の開催を控えて生物多様性施策を一層推進させる必要性から，議員立法により生物多様性の保全に関する基本的考え方をとりまとめた生物多様性基本法が2008（平成20）年6月に公布，施行された。同法の基本原則は，生物多様性の保全と持続可能な利用をバランスよく推進することである。つまり，野生生物の種の保全等が図られるとともに，多様な自然環境を地域の自然的社会的条件に応じ保全することと，生物多様性に及ぼす影響が回避されまたは最小となるよう，国土および自然資源を持続可能な方法で利用することである。国は「生物多様性国家戦略」を，地方自治体は単独または共同で地方版戦略を策定する。

　基本的施策は以下のとおりである。

【保全に重点を置いた施策】

①地域の生物多様性の保全，②野生生物の種の多様性の保全等，③外来生物等による被害の防止

【持続可能な利用に重点を置いた施策】

④国土および自然資源の適切な利用等の推進，⑤遺伝子など生物資源の適正な利用の推進，⑥生物多様性に配慮した事業活動の促進

【共通する施策】

⑦地球温暖化の防止等に資する施策の推進，⑧多様な主体の連携・協働，民意の反映および自発的な活動の促進，⑨基礎的な調査等の推進，⑩試験研究の充実など科学技術の振興，⑪教育，人材育成など国民の理解の増進，⑫環境影響評価の推進，⑬国際的な連携の確保および国際協力の推進

3-10-5　法制度の問題点

　野生生物保護に関する法制度全般については，次のような提案や問題点が指摘されている。

　①法律の目的を人間中心の価値意識に基礎づけるのでなく，生態系，生物種，遺伝子の多様性の維持に置くべきである。莫大な額を要する保護増殖より未然防止に重点を置くべきである。

　②希少種保存法の種の指定については，科学的に客観的に判断されるべきであり，住民からの申請も認めるべきである。

　③違法狩猟を行う場合，野生生物を無主物でなく国民共有の財産とし，課徴金制度，損害賠償制度の導入を検討すべきである。

　④保護区の指定面積が狭すぎる。これを拡大するため土地所有者を入れた保護計画の策定，野生生物の数が増えた場合の土地所有者等への奨励金，自治体の土地の買い上げや借り上げが必要である。

　⑤外来種の非意図的な導入探知・防止についての対応をすべきである。

　⑥野生生物の保護，管理の財源として，利用料，開発賦課金，自然公園の入園料を検討すべきである。

　⑦野生生物による食害に対する補償措置を講ずるべきである。

　⑧縦割り行政の弊害が著しい。

3-11　環 境 教 育

2003（平成15）年に環境教育の一層の推進のため，環境の保全のための意欲

の増進及び環境教育の推進に関する法律が制定された。同法は，体験学習の
リーダー育成を中心に詳細規定を置いたが他は訓示規定にとどまった。しかし，
環境保全活動や行政・企業・民間団体との協働による環境教育がますます重要
になっていること，国連「持続可能な開発のための教育の10年（ESD）」を受け，
学校においても環境教育の関心が高まっていることを踏まえ，自然との共生の
哲学を活かし人間性豊かな人づくりにつながる環境教育を充実させるため，
2011年6月に法改正され，名称が「環境教育等による環境保全の取組の促進に
関する法律（環境教育等促進法）」に改められた。

　改正法は，より実践的，具体的な規定を盛り込み，共同取組の推進，地域協
議会の手続き，教材開発・職員研修の充実などを追加した。また，環境教育等
支援団体の指定，自然体験等の機会の場の知事による認定制度を導入している。
さらに，国民等の政策形成への参加，政策提案の推進，価格以外の要素も考慮
した公共サービスへの民間団体の参入機会増進の配慮，共同取組推進のための
協定制度の導入，事業型環境NPOの活動の国による支援等を内容としている。

11

環境教育

183

第4章 ステークホルダーの参加と協働

　従来の環境問題は，工場からの排気ガスや排水により，農作物に被害が出たり，人の生活，健康に影響を及ぼしたりする産業型の公害が中心であった。現代の環境問題は生活水準の向上とともに，これらに加えて自動車の排気ガス，大量生産，大量消費，大量廃棄の生活に伴う廃棄物の増大などの都市生活型公害や，化石燃料の使用による二酸化炭素が原因となって起こる地球温暖化などの問題が顕在化してきた。これらの問題は通常の事業活動や生活により引き起こされるものであり，誰もが被害者であり，加害者であるという特徴をもつ。

　このため，環境問題を解決するためには，国の政策に依存するばかりでなく発生の現場である地域の地方自治体，企業，NGO・NPO，住民などの多様なステークホルダー（利害関係者）が協働しながら取り組む「環境ガバナンス」の重要性が増している。ここでは，それぞれの主体に視点を当て，その役割，取組みについて概観する。

4-1　地方自治体

4-1-1　地方自治体の役割

　地方自治法上，「普通地方公共団体」（1条の2）という。都道府県のような広域的地方自治体と市町村のような基礎的地方自治体（以下「自治体」という）からなる。都道府県や政令市では，それぞれ環境部門が置かれ，地方の環境行政を所掌している。

　すでに述べたとおり，戦後，深刻な公害に見舞われたときに国の法政策が十分でなかったため，これらの自治体が条例を制定したり，企業との公害防止協定を締結したりするなど，先進的な対策を進めた（→3-5-2参照）。この背景に

は，戦後，自治体の首長の公選制が導入され，住民の健康，安全に直接の責任のある地方自治体として看過しえない事情があったものと考えられる。

　地方自治体は，国で定められた法政策を執行するという役割を有するが，一方で国の法律に抵触しない限りにおいて，地域の自然的，社会的事情に合わせて独自の条例を制定することができる。なお，公害規制として国の排出基準より厳しい上乗せ基準や法律に定めのない事項について基準を定める横だし基準（法に定めのない物質についての基準設定や規制区域の拡大）についてはすでに触れた（→3-5-1参照）。

4-1-2　環境モデル都市・環境未来都市

　近年，我が国を低炭素社会に転換していくため，温室効果ガスの大幅削減など高い目標を掲げて先進的な取組にチャレンジする都市を未来の低炭素都市像を提示することを目的に，2008（平成20）年に全国から「環境モデル都市」の公募がおこなわれ，現在まで23都市が選定されている。

　また，内閣府では世界的に進む都市化を見据え，持続可能な経済社会システムを実現する都市・地域づくりを目指す「環境未来都市」構想を進めている。「環境未来都市」は，環境や高齢化など人類共通の課題に対応し，環境，社会，経済の三つの価値を創造することで「誰もが暮らしたいまち」「誰もが活力あるまち」の実現を目指すものであり，先導的プロジェクトに取り組んでいる都市・地域をいう。一方，環境モデル都市は，持続可能な低炭素社会の実現に向

Topic ⑲　環境ガバナンス

　現代の環境問題の課題は，地球温暖化問題，有害化学物質汚染，資源リサイクル問題など，科学的メカニズム，関連分野，空間スケール，関連主体とも複雑多様化している。また，政策形成やその実施主体も多様化，重層化している。

　このような背景のもとで，上（政府）からの統治と下（市民社会）からの自治を統合し，持続可能な社会の構築に向け，関係する主体がその多様性と多元性を生かしながら積極的に関与し，問題解決を図るプロセスとしての「環境ガバナンス」をいかに向上させるかが必要となっている。

（松下和夫編著『環境ガバナンス論』〔京都大学学術出版会〕より）

け高い目標を掲げて先駆的な取組にチャレンジする都市であり低炭素社会の姿を具体的に示しており，「環境未来都市」構想の基盤を支える。このため，環境モデル都市と環境未来都市を一体的に推進している。

　以下，環境モデル都市と環境未来都市を紹介する。

・環境モデル都市

　わが国を低炭素社会に転換していくため，温室効果ガスの大幅削減など高い目標を掲げて先駆的な取組にチャレンジする都市を選定・支援し，未来の低炭素都市像を世界に提示する。これらの都市では地域資源を最大限に活用し，低炭素化と持続的発展を両立する地域モデルの実現を先導する。選定の視点として，「温室効果ガスの大幅な削減目標」「先導性・モデル性」「地域に適応」「実現可能性」「持続的な取組」が重視された。

〔2008年度：13都市選定〕

　下川町，帯広市，千代田区，横浜市，飯田市，豊田市，富山市，京都市，堺市，檮原町，北九州市，水俣市，宮古島市

〔2012年度： 7 都市選定〕

　つくば市，新潟市，御嵩町，神戸市，尼崎市，西粟倉村，松山市

〔2013年度： 3 都市選定〕

　ニセコ町，生駒市，小国町

・環境未来都市

　環境や超高齢化への対応等に向け，人間中心の新たな価値を創造する都市を目指す。すなわち，環境価値（低炭素・省エネルギー，水・大気，自然環境・生物多様性，3R 等），社会的価値（健康・医療，介護・福祉，防災・子育て・教育等），経済的価値（雇用，所得の創出，観光，新産業，産学官連携等）の創造により，「誰もが暮らしたいまち」・「誰もが活力あるまち」を実現し，人々の生活の質を向上できる都市を目指す。生活の基盤としての教育，医療・介護，エネルギー，情報通信技術等に関する社会経済システムへの適用のための社会実践を集中実施する都市として整備，自律的なモデルを構築させる狙いである。環境，経済，社会を統合的に達成しようという点で環境基本計画の方向性に沿ったものと評価できる。

2011（平成23）年に募集開始され，11件が選定されている。
- 被災地域以外（5件）

下川町，柏市等，横浜市，富山市，北九州市
- 被災地域（6件）

大船渡市・陸前高田市・住田町等，釜石市，岩沼市，東松島市，南相馬市，新地町

4-2 企 業

4-2-1 環境マネジメントシステム

　国際環境規格・ISO14001を指し，1996年に発行された。ISO14000台は環境シリーズであり，14010は環境監査，14020は環境ラベルである。

　わが国の認証取得件数は2017年8月で1万8,725件であり，ピーク時からは減少しているが，あらゆる業種にわたっている（あらゆる組織で取得可能であり，自治体や学校も取得している）。これは，欧州を中心に認証取得が貿易の要件とされたため取得企業が拡大したことも関係している。

　審査する機関（審査登録機関）を認定する機関は，わが国では日本適合性協会（JAB）のみである。

　認定を受けるためには，規格に基づきおおよそ以下のような手続きを文書で整える必要がある。①組織のトップによる環境方針の策定，公表，②計画の立案，環境側面（environmental aspects）*の抽出，環境目的，環境目標の策定，③実施および運用，組織，文書化，コミュニケーション，④点検，⑤マネジメントレビュー。

　　＊　環境に影響を与える原因

　これに基づき，毎年②〜④をPDCAサイクルで繰り返し，継続的な改善を図る。

　ISO14001の特徴としては，第三者認証が行われることであるが，審査が要

件ではなく自己宣言も可能である。また，パフォーマンス（成果）を定めるものでなく，継続的改善が図れるシステムを構築することが目的である。これに対し，EMAS（ECの環境に関する規則）は，同じく環境声明書が公表され情報公開が行われるが，パフォーマンス評価がされること，外部検証のみであることなどがISO14001と異なる。

また，認証取得費用が高い，ハードルが高いなどの欠点もあるため，中小企業向けの環境マネジメントシステムが構築されている。このうち，環境省のエコアクション21や京都発のKES・環境マネジメントシステム・スタンダードは，全国に広がりつつある。また，光熱費やコピー紙の使用量の削減などエコオフィスの環境活動のみが強調されるため，すぐに限界を迎え，環境活動は活発になっていないという批判もある。改正された2004年版規格については「組織が管理できる環境側面」に「組織が影響を及ぼすことができる環境側面」が加わり，本業への落としこみ（例：営業部のエコ製品販売など）に主眼が置かれている。

4-2-2　環境報告書

企業が自らの環境に対する取組み，環境負荷に関する情報等を公表する報告書である。最近では，安全・衛生，社会貢献なども含め環境を広く捉えCSR報告書，持続可能性報告書（サスティナビリティー・レポート）という名称で公表されている。2000年に環境省が環境報告書作成ガイドラインを公表し，多くの企業が作成するようになった。環境省の環境にやさしい企業行動調査によれば2014年度で511（対象企業の39.4％）社が環境報告書を作成・公表しているが，3年前と比べて半減している。環境の取組は進展していると思われるが，「内容，基準の統一化が図られておらず企業間の比較ができない」，「適切に記載されているかどうか，確認措置がない」，「ネガティブ情報が記載されていない」，「企業全体から言えば策定している企業は少ない」などの課題も指摘されており，報告書という形での公開には結びついていない。

4-2-3 環境会計

　企業の事業活動における環境保全のための費用とその効果（利益）を可能な限り定量的に把握，分析する手法である。意義として，事業者が環境マネジメントを進めるにあたって，自らの環境保全への取組みを合理的で効果の高いものにしていくための経営管理上の分析手段である。社会的に，環境保全活動に経済的資源が投入されている状況，効果を統一的な枠組みで理解するための有力な情報手段といえる。

　環境省の2014年度調査では，回答した上場企業の約2割にあたる301社が導入しているが，ピーク時の2008年度から減少傾向にある。

　環境会計には，外部向け機能と内部管理向け機能がある。前者は，環境保全への取組みを定量的に測定し，その結果を消費者，投資家，取引先，地域住民などの利害関係者に開示するものである。後者は，企業の環境保全コスト，費用対効果の分析により経営判断に生かすとともに，効果的な環境保全効果を促すものである。しかし，企業経営に役立てている企業は少なく，今後の広がりが期待される。

　なお，京都市に本社を置く酒造メーカーでは，緑字決算というユニークな手法を公表している。環境負荷，環境配慮，社会貢献などの中から重要な項目を選定し，一般の消費者も含め項目に重みづけをしてもらい，金額で表せない数字を緑字という指標で表している。

4-2-4 社会的責任投資（SRI）

　社会的責任投資（SRI）とは，利益だけでなく，環境，雇用，高齢・少子化対策など社会に配慮した企業に積極的に投資するものである。武器，ギャンブルなどに関わる企業には投資しないという原則から1920年代にアメリカで始まった。

　経済性，環境適合性，社会適応性の3つの側面で評価の高い企業の株式を組み入れた投資信託をSRIファンドと呼び，環境への貢献が高い企業の株式を組み入れた投資信託がエコファンドである。近年は，環境，社会，ガバナンスに配慮した企業への投資ということでESG投資と呼ばれている。

4-2-5　企業の社会的責任（CSR）

　近年，食品偽装事件などを契機に，企業が法令遵守にとどまらず，住民，地域，環境を利するような形で，環境，経済，社会問題についてバランスのとれたアプローチをおこなうとともに，その結果を主体的に公表し説明責任を果たしていく社会的責任（CSR）が強調されるようになった。国際的にも2001（平成13）年から，国際標準化機構で国際規格・ISO26000として検討されることとなった。この結果，2010（平成22）年11月に，企業のみでなくすべての組織を対象として，第三者認証が目的でないSRのガイドライン規格として発行されている。

　なお，近年は国連持続可能な目標（SDGs）に沿った企業活動に関心が集まっている（→**1-1-6**参照）。

4-3　環境 NGO・NPO

　NGO は，Non-governmental Organization の略で「非政府組織」と訳される。国連憲章でも使われている。一般には，企業，各種団体など，中央政府以外のすべての組織を指す。これに対し，NPO は，Non-Profit Organization の略で「非営利組織」と訳される。営利を目的としない組織を指し，企業などは除かれる。

　わが国では，このうち NGO は海外で活動する組織として使われる場合もあったが，NGO と NPO は同じような意味で使われている場合が多かった。NGO・NPO は福祉，人権など様々な分野で活動しているが，環境 NGO・NPO は，温暖化防止，公害，自然保全，環境教育，まちづくり・景観，自然エネルギーなど様々な分野で活動する組織を指す。

　NPO については，1999年に施行された特定非営利活動促進法（NPO法）を契機にその設立が活発になった。NPO を設立するには，以下の8要件が定められている。①特定非営利活動を行うことを主たる目的とすること，②営利を

目的としないものであること，③社員の資格の得喪に関して，不当な条件を付さないこと，④役員のうち報酬を受ける者の数が，役員総数の3分の1以下で

Topic ⑳　SDGs

　2015（平成27）年の国連総会で採択された持続可能な開発目標・Sustainable Development Goals である。法的拘束力はないが，2030年に向けて各国が取り組む。

目標1　あらゆる場所で，あらゆる形態の貧困に終止符を打つ

目標2　飢餓に終止符を打ち，食料の安定確保と栄養状態の改善を達成するとともに，持続可能な農業を推進する

目標3　あらゆる年齢のすべての人々の健康的な生活を確保し，福祉を推進する

目標4　すべての人々に包摂的かつ公平で質の高い教育を提供し，生涯学習の機会を促進する

目標5　ジェンダーの平等を達成し，すべての女性と女児のエンパワーメントを図る

目標6　すべての人々に水と衛生へのアクセスと持続可能な管理を確保する

目標7　すべての人々に手ごろで信頼でき，持続可能かつ近代的なエネルギーへのアクセスを確保する

目標8　すべての人々のための持続的，包摂的かつ持続可能な経済成長，生産的な完全雇用およびディーセント・ワークを推進する

目標9　レジリエントなインフラを整備し，包摂的で持続可能な産業化を推進するとともに，イノベーションの拡大を図る

目標10　国内および国家間の不平等を是正する

目標11　都市と人間の居住地を包摂的，安全，レジリエントかつ持続可能にする

目標12　持続可能な消費と生産のパターンを確保する

目標13　気候変動とその影響に立ち向かうため，緊急対策を取る

目標14　海洋と海洋資源を持続可能な開発に向けて保全し，持続可能な形で利用する

目標15　陸上生態系の保護，回復および持続可能な利用の推進，森林の持続可能な管理，砂漠化への対処，土地劣化の阻止および逆転，ならびに生物多様性損失の阻止を図る

目標16　持続可能な開発に向けて平和で包摂的な社会を推進し，すべての人々に司法へのアクセスを提供するとともに，あらゆるレベルにおいて効果的で責任ある包摂的な制度を構築する

目標17　持続可能な開発に向けて実施手段を強化し，グローバル・パートナーシップを活性化する

（国連広報センターホームページ http://www.unic.or.jp/news_press/features_backgrounders/17430/）

3　環境NGO・NPO

あること，⑤宗教活動や政治活動を主たる目的とするものでないこと，⑥特定の公職者（候補者を含む）または政党を推薦，支持，反対することを目的とするものでないこと，⑦暴力団でないこと，暴力団若しくは暴力団員（暴力団の構成員でなくなった日から5年を経過していない者を含む）の統制の下にある団体でないこと，⑧10人以上の社員を有するものであること。

　以上のような8つの要件を備え，所轄官庁（通常，事務所所在の都道府県知事）の認証を受ければ誰でも容易に設立できることとなったことが，NPOの増加につながった。

　環境NGO・NPOの正確な数はわかっていないが，内閣府の調査（2017〔平成29〕年3月31日現在）によれば，NPO法に基づき認証された環境保全の活動を図る団体は1万4,124団体で，NPO全体の27.4％を占めている。しかし，多くの団体は，財政的基盤が弱い，専任スタッフがいないなどの課題を抱えており，活動の広がりには一層の政策的支援が必要である。

　なお，非営利の法人としては，従来より民法32条に基づく公益法人（財団法人，社団法人）が存在するが，こちらの方は市民活動の支援というより行政事務の下請けという色彩が濃いものといえる。

Topic ㉑　NGO・NPOへの支援

　環境NPOの数は年々増加しているが，財政的基盤が弱く専任スタッフのいない団体も多い。独立行政法人・環境保全再生機構の地球環境基金のほか，トヨタ財団，イオン環境財団，三井物産環境基金など民間の基金が環境NGO・NPOの活動に助成を行っている。また，特定公益増進法人として認定されれば税制上寄付金の控除がある。しかし，欧米に比べればNPO活動の支援制度は充実しておらず，一層の支援が望まれる。

巻 末 資 料

資料 1　環境関連年表（1949年〜現在）

資料 2　水質関係の「人の健康の保護に係る環境基準」と「有害項目
　　　　（一律排出基準）」

資料 3　水質汚濁防止法，土壌汚染対策法の有害物質に係る基準

資料 4　生活環境の保全に係る環境基準（河川）

資料 5　生活環境の保全に係る環境基準（湖沼）

資料 6　生活環境の保全に係る環境基準（海域）

資料 7　窒素・リンに係る環境基準（湖沼・海域）

資料 8　大気関係の排出基準（大気汚染防止法）

資料 9　大気汚染に係る環境基準

資料10　騒音に係る環境基準

資料1　環境関連年表（1949年〜現在）

日　　本	世　　界
	1952　ロンドンでスモッグのため過剰死者4,000人
1956　日本原子力研究所発足 　　　　水俣市で水俣病患者大量発生	1956　イギリスに大気清浄法
1959〜60　東京など大都市で濃いスモッグ発生	1962　ロンドンでスモッグによる過剰死者増加
1961　四日市で喘息患者多発	レイチェル・カーソン『沈黙の春』刊行
1965　茨城県東海村で日本原子力発電所発電開始 　　　　新潟県で水俣病患者大量発生	
1967　公害対策基本法制定	1967　リベリア籍大型タンカー・トリーキャニオン号座礁，油汚染
1968　大気汚染防止法制定	
1969　初の公害白書発行	
1960〜70　インドネシア，フイリピンから大量に木材輸入	
1970　第64臨時国会（公害国会）で，水質汚濁防止法，廃棄物の処理及び清掃に関する法律など公害関連法14法成立（または改正）	
1971　環境庁発足 　　　　大阪に初の光化学スモッグ注意報発令	
1972　国連人間環境会議に水俣病患者出席	1972　国連人間環境会議，ストックホルムで開催
	ローマクラブ「成長の限界」刊行
	OECD環境委員会が公害防止費用に関し，汚染者負担の原則（PPP）を採択
	1973　絶滅のおそれのある野生動植物の種の国際取引に関する（ワシントン条約）採択
1974　公害健康被害補償法施行	
1975　日本化学工業によるクロム公害問題化 　　　　大阪空港公害訴訟控訴審判決，住民勝訴	1975　ワシントン条約発効
	東西ドイツ，ポーランドで酸性雨被害発生
	ラムサール条約発効
	フランスで反原発運動高揚
	1976　イタリア北部セベソで農薬工場爆発によるダイオキシン発生
1978　大阪西淀川公害訴訟 　　　　環境庁，窒素酸化物の環境基準を大幅緩和	1978　アメリカのラブカナル地区で住宅地造成に使用された有害物質と住民の健康被害との関係判明
1979　滋賀県，琵琶湖富栄養化防止条例可決 　　　　沖縄県発表の新石垣島空港建設計画に反対運動発足	1979　アメリカのスリーマイル・アイランドの原子力発電所で事故
1981　茨城県，霞ヶ浦の富栄養化防止条例可決	1981　アメリカ環境保護局，ラブカナル事件で周辺住民710世帯の移転を勧告
1982　環境庁，酸性雨対策検討会発足	1982　国連環境計画・ナイロビ環境会議開催
	セベソの汚染土を封入・保管していたドラム缶紛失，北フランスで発見
1983　有害化学物質による地下水汚染の実態判明（環境庁調査）	アメリカ全土で反核集会
厚生省「ダイオキシンに関する専門家会議設置」	1983　長距離越境大気汚染条約（ウィーン条約）発効
	西ドイツで緑の党が連邦議会に初進出

1984	大阪空港公害訴訟和解	1984	環境と開発に関する世界委員会発足，「持続可能な開発の考え方」を提示
	世界湖沼会議（大津市）開催		
1985	高速増殖炉もんじゅの差し止め訴訟	1985	ボパールで化学工場爆発
	湖沼水質保全特別措置法施行		オゾンホールの存在公表
1986	名古屋新幹線公害訴訟和解		オゾン層保護のための「ウィーン条約」採択
		1986	ソ連のチェルノブイリ原子力発電所で史上最大の事故
		1987	オゾン層破壊物質に関する「モントリオール議定書」採択
1988	水俣病刑事事件裁判で，チッソ元社長と工場長に過失致死罪適用	1988	気候変動に関する政府間パネル（IPCC）設置
	長良川河口堰工事着工	1989	有害廃棄物の越境活動およびその処分の規制に関する「バーゼル条約」採択
	林野庁，酸性雨被害調査着手		
1990	ゴルフ場使用農薬規制の暫定指針制定		
	スパイクタイヤ粉塵発生防止法制定		
	地球温暖化防止行動計画策定	1990	20年ぶりのアースディ，140カ国，1億人参加
1991	再生資源の利用の促進に関する法律施行		
1992	自動車から排出される窒素酸化物の特定地域における総量の削減に関する特別措置法制定	1992	国連環境開発会議（リオ・サミット），リオデジャネイロで開催。会議で「環境と開発に関するリオ宣言」「アジェンダ21」採択，気候変動枠組条約，生物多様性保全条約に150カ国以上署名
	廃棄物の処理及び清掃に関する法律改正		
1993	環境基本法制定，施行	1993	生物多様性条約発効
	「アジェンダ21行動計画」策定		
1994	環境基本計画策定	1994	気候変動枠組条約発効
1995	生物多様性国家戦略		
	容器包装リサイクル法制定		
1997	環境影響評価法制定	1997	気候変動枠組条約第3回締約国会議（京都市）開催，「京都議定書」採択
1998	家電リサイクル法制定		
	地球温暖化対策推進法制定		
1999	ダイオキシン類対策特別措置法，PRTR法制定		
2000	循環型社会形成推進基本法，建設リサイクル法制定，食品リサイクル法，グリーン購入法制定，廃棄物処理法など改正	2001	残留性有機汚染物質に関するストックホルム条約（POPs条約）採択
2001	環境省発足		
2002	土壌汚染対策法制定	2002	持続可能な開発に関する世界首脳会議（ヨハネスブルグサミット）開催
	自動車リサイクル法制定		
	自然再生推進法制定	2005	京都議定書発効
2004	外来生物法制定		
2006	石綿による健康被害の救済に関する法律制定		
2008	生物多様性基本法制定		
2011	東北地方太平洋沖地震発生，福島第一原子力発電所原子炉の炉心溶融，水素爆発により大量の放射性物質が環境中に放出される。	2015	国連持続可能な開発目標（SDGs）策定
	環境教育等による環境保全の取組の促進に関する法律制定（旧法の充実）		パリ協定採択

出典：飯島信子編『環境社会学』等を参考に筆者作成。

資料2　水質関係の「人の健康の保護に係る環境基準」と「有害項目（一律排出基準）」

基準項目	基準値	排水基準(許容限)
カドミウム	0.003mg／ℓ以下	0.03mg／ℓ以下
全シアン	検出されないこと	1mg／ℓ以下
鉛	0.01mg／ℓ以下	0.1mg／ℓ以下
六価クロム	0.05mg／ℓ以下	0.5mg／ℓ以下
砒素	0.01mg／ℓ以下	0.1mg／ℓ以下
総水銀	0.0005mg／ℓ以下	0.005mg／ℓ以下
アルキル水銀	検出されないこと	検出されないこと
PCB	検出されないこと	0.003mg／ℓ以下
ジクロロメタン	0.02mg／ℓ以下	0.2mg／ℓ以下
四塩化炭素	0.002mg／ℓ以下	0.02mg／ℓ以下
1,2−ジクロロエタン	0.004mg／ℓ以下	0.04mg／ℓ以下
1,1−ジクロロエチレン	0.1mg／ℓ以下	1.0mg／ℓ以下
シス−1,2−ジクロロエチレン	0.04mg／ℓ以下	0.4mg／ℓ以下
1,1,1−トリクロロエタン	1mg／ℓ以下	3mg／ℓ以下
1,1,2−トリクロロエタン	0.006mg／ℓ以下	0.06mg／ℓ以下
トリクロロエチレン	0.01mg／ℓ以下	0.1mg／ℓ以下
テトラクロロエチレン	0.01mg／ℓ以下	0.1mg／ℓ以下
1,3−ジクロロプロペン	0.002mg／ℓ以下	0.02mg／ℓ以下
チウラム	0.006mg／ℓ以下	0.06mg／ℓ以下
シマジン	0.003mg／ℓ以下	0.03mg／ℓ以下
チオベンカルブ	0.02mg／ℓ以下	0.2mg／ℓ以下
ベンゼン	0.01mg／ℓ以下	0.1mg／ℓ以下
セレン	0.01mg／ℓ以下	0.1mg／ℓ以下
アンモニア，アンモニア化合物亜硝酸化合物および硝酸化合物	10mg／ℓ以下	100mg／ℓ以下
フッ素	0.8mg／ℓ以下	海域以外8mg／ℓ 海域15mg／ℓ
ほう素	1mg／ℓ以下	海域以外10mg／ℓ 海域230mg／ℓ
1,4−ジオキサン		0.05mg／ℓ以下
有機リン（パラチオン，メチルパラチオン，メチルジメドンおよびEPN）		1mg／ℓ以下
総クロム		2mg／／ℓ以下
銅		3mg／ℓ以下
亜鉛	0.03mg／ℓ以下	5mg／ℓ以下
フェノール類		5mg／ℓ以下
溶解性鉄		10mg／ℓ以下
溶解性マンガン		10mg／ℓ以下
ノルマンヘキサン抽出物質（鉱油類）		5mg／ℓ以下
ノルマンヘキサン抽出物質（動植物油脂類）		30mg／ℓ以下
生物化学的酸素要求量（BOD）	1mg／ℓ以下	160mg／ℓ以下
化学的酸素要求量（COD）	1mg／ℓ以下	160mg／ℓ以下
浮遊物物質量（SS）	25mg／ℓ以下	200mg／ℓ以下
水素イオン濃度	6.5〜8.5	5.8〜8.6
溶存酸素量（DO）		7.5mg／ℓ以上
大腸菌群数	50MPN／100mℓ以下	日間平均3,000個／cm³

注1）　排水基準のうち有機リン以下の項目は生活環境項目を指す。
出典：環境省ホームページより作成。以下，**資料3〜10**についても同様とする。

資料3　水質汚濁防止法，土壌汚染対策法の有害物質に係る基準

分類		水 質 中		土 壌 中
		排出基準 （mg／ℓ）	特定地下浸透水 の基準（mg／ℓ）	溶出量（mg／ℓ） 含有量（mg／kg）
重金属等	カドミウムおよびその化合物	カドミウムとして 0.1	カドミウムとして 0.001	0.01以下 150以下
	シアン化合物	シアンとして 1.0	シアンとして 0.1	検出されないこと 250
	六価クロム化合物	六価クロムとして 0.5	六価クロムとして 0.04	0.05 250
	水銀およびアルキル水銀その他の水銀化合物	水銀として 0.005	水銀として 0.0005	0.0005 15
	アルキル水銀化合物	検出されないこと 0.0005	アルキル水銀とし て　0.0005	検出されないこと 15
	砒素およびその化合物	砒素として 0.1	砒素として 0.005	0.01 150
	セレンおよびその化合物	セレンとして 0.1	セレンとして 0.002	0.01 150
	鉛およびその化合物	鉛として 0.1	鉛として 0.005	0.01 150
	ほう素およびその化合物	海域以外　10 海域　　230	0.2	1 4000
	フッ素およびその化合物	海域以外　8	0.2	0.8 4000
揮発性有機化合物	トリクロロエチレン	0.3	0.002	0.03
	テトラクロロエチレン	0.1	0.0005	0.01
	ジクロロメタン	0.2	0.002	0.02
	四塩化炭素	0.02	0.0002	0.002
	1,2-ジクロロエタン	0.04	0.0004	0.004
	1,1-ジクロロエチレン	1.0	0.002	0.02
	シス-1,2-ジクロロエチレン	0.4	0.004	0.04
	1,1,1-トリクロロエタン	3	0.0005	1
	1,1,2-トリクロロエタン	0.06	0.0006	0.006
	1,3-ジクロロプロペン	0.02	0.0002	0.02
	ベンゼン	0.1	0.001	0.01
農薬等	チウラム	0.06	0.0006	0.006
	シマジン	0.03	0.0003	0.003
	チオベンカルブ	0.2	0.002	0.02
	PCB	0.003	0.0005	検出されないこと
	有機燐化合物（パラチオン，メチルパラチオン，メチルジメトシおよびEPNに限る）	1	0.1	検出されないこと
その他	アンモニア，アンモニウム化合物，亜硝酸化合物，硝酸化合物	アンモニア性窒素 ×0.4＋亜硝酸性 窒素＋硝酸性窒素 として 100	アンモニア性 窒素　0.7 亜硝酸性窒素 0.2 硝酸性窒素　0.2	
	ダイオキシン類	1pg-TEQ／ℓ以下		1,000pg-TEQ／g 以下

資料4　生活環境の保全に係る環境基準（河川）

ア）

項目 類型	利用目的の適応性	基準値				
		水素イオン濃度（pH）	生物化学的酸素要求量（BOD）	浮遊物質量（SS）	溶存酸素量（DO）	大腸菌群数
AA	水道1級／自然環境保全およびA以下の欄に掲げるもの	6.5以上8.5以下	1mg/ℓ以下	25mg/ℓ以下	7.5mg/ℓ以上	50MPN／100mℓ以下
A	水道2級／水産1級／水浴およびB以下の欄に掲げるもの	6.5以上8.5以下	2mg/ℓ以下	25mg/ℓ以下	7.5mg/ℓ以上	1,000MPN／100mℓ以下
B	水道3級／水産2級およびC以下の欄に掲げるもの	6.5以上8.5以下	3mg/ℓ以下	25mg/ℓ以下	5mg/ℓ以上	5,000MPN／100mℓ以下
C	水産3級／工業用水1級およびD以下の欄に掲げるもの	6.5以上8.5以下	5mg/ℓ以下	50mg/ℓ以下	5mg/ℓ以上	－
D	工業用水2級／農業用水およびEの欄に掲げるもの	6.0以上8.5以下	8mg/ℓ以下	100mg/ℓ以下	2mg/ℓ以上	－
E	工業用水3級／環境保全	6.0以上8.5以下	10mg/ℓ以下	ごみ等の浮遊が認められないこと。	2mg/ℓ以上	－

注1）　基準値は，日間平均値とする（湖沼，海域もこれに準じる）。
注2）　農業用利水点については，水素イオン濃度6.0以上7.5以下，溶存酸素量5mg/ℓとする（湖沼もこれに準ずる）。
注3）　自然環境保全：自然探勝などの環境保全。
注4）　水道1級：ろ過などによる簡易な浄化操作を行うもの。
　　　　水道2級：沈殿ろ過等による通常の浄水操作を行うもの。
　　　　水道3級：前処理等を伴う高度の浄水操作を行うもの。
注5）　水産1級：ヤマメ，イワナ等貧腐水性水域の水産生物用ならびに水産2級および水産3級の水産生物用。
　　　　水産2級：サケ科魚類及びアユ等貧腐水性水域の水産生物用および水産3級の水産生物用。
　　　　水産3級：コイ，フナ等，β－中腐水性水域の水産生物用。
注6）　工業用水1級：沈殿等による通常の浄水操作を行うもの。
　　　　工業用水2級：薬品注入等による高度の浄水操作を行うもの。
　　　　工業用水3級：特殊の浄水操作を行うもの。
注7）　環境保全：国民の日常生活（沿岸の遊歩等を含む）において不快感を生じない限度。

イ）

項目 類型	水生生物の生息状況の適応性	基準値		
		全亜鉛	ノニルフェノール	直鎖アルキルベンゼンスルホン酸及びその塩
生物A	イワナ，サケマス等比較的低温域を好む水生生物およびこれらの餌生物が生息する水域	0.03mg/ℓ以下	0.001mg/ℓ以下	0.03mg/ℓ以下
生物特A	生物Aの水域のうち，生物Aの欄に掲げる水生生物の産卵場（繁殖場）または幼稚仔の生育場として特に保全が必要な水域	0.03mg/ℓ以下	0.0006mg/ℓ以下	0.02mg/ℓ以下
生物B	コイ，フナ等比較的高温域を好む水生生物およびこれらの餌生物が生息する水域	0.03mg/ℓ以下	0.002mg/ℓ以下	0.05mg/ℓ以下
生物特B	生物Bの水域のうち，生物Bの欄に掲げる水生生物の産卵場（繁殖場）または幼稚仔の生育場として特に保全が必要な水域	0.03mg/ℓ以下	0.002mg/ℓ以下	0.04mg/ℓ以下

注1）　基準値は，年間平均値とする（湖沼，海域もこれに準ずる）。

資料5　生活環境の保全に係る環境基準（湖沼）

項目類型	利用目的の適応性	基　準　値				
		水素イオン濃度（pH）	化学的酸素要求量（COD）	浮遊物質量（SS）	溶存酸素量（DO）	大腸菌群数
AA	水道1級／水産1級／自然環境保全およびA以下の欄に掲げるもの	6.5以上8.5以下	1mg/ℓ以下	1mg/ℓ以下	7.5mg/ℓ以上	50MPN／100mℓ以下
A	水道2，3級／水産2級／水浴およびB以下の欄に掲げるもの	6.5以上8.5以下	3mg/ℓ以下	5mg/ℓ以下	7.5mg/ℓ以上	1,000MPN／100mℓ以下
B	水産3級／工業用水1級／農業用水およびCの欄に掲げるもの	6.5以上8.5以下	5mg/ℓ以下	15mg/ℓ以下	5mg/ℓ以上	—
C	工業用水2級／環境保全	6.0以上8.5以下	8mg/ℓ以下	ごみ等の浮遊が認められないこと。	2mg/ℓ以上	—

注1）　湖沼：天然湖沼および貯水量が1,000万m³以上であり，かつ，水の滞留時間が4日間以上である人工湖。
注2）　自然環境保全：自然探勝などの環境保全。
注3）　水道1級：ろ過などによる簡易な浄化操作を行うもの。
　　　　水道2，3級：沈殿ろ過等による通常の浄水操作，または，前処理等を伴う高度の浄水操作を行うもの。
注4）　水産1級：ヒメマス等貧栄養湖型の水域の水産生物用ならびに水産2級および水産3級の水産生物用。
　　　　水産2級：サケ科魚類およびアユ等貧栄養湖型の水域の水産生物用および水産3級の水産生物用。
　　　　水産3級：コイ，フナ等富栄養湖型の水域の水産生物用。
注5）　工業用水1級：沈殿等による通常の浄水操作を行うもの。
　　　　工業用水2級：薬品注入等による高度の浄水操作，または，特殊な浄水操作を行うもの。
注6）　環境保全：国民の日常生活（沿岸の遊歩等を含む）において不快感を生じない限度。

資料6　生活環境の保全に係る環境基準（海域）

項目類型	利用目的の適応性	基　準　値				
		水素イオン濃度（pH）	化学的酸素要求量（COD）	溶存酸素量（DO）	大腸菌群数	n-ヘキサン抽出物質（油分等）
A	水産1級水浴の自然環境保全およびB以下の欄に掲げるもの	7.8以上8.3以下	2mg/ℓ以下	7.5mg/ℓ以上	1,000MPN／100mℓ以下	検出されないこと
B	水産2級工業用水およびCの欄に掲げるもの	7.8以上8.3以下	3mg/ℓ以下	5mg/ℓ以上	—	検出されないこと
C	環境保全	7.0以上8.3以下	8mg/ℓ以下	2mg/ℓ以上	—	—

注1）　湖沼：天然湖沼および貯水量が1,000万m³以上であり，かつ，水の滞留時間が4日間以上である人工湖。
注2）　自然環境保全：自然探勝などの環境保全。
注3）　水道1級：マダイ，ブリ，ワカメ等の水産生産用および水産2級の水産生物用。
　　　　水道2級：ボラ，ノリ等の水産生物用。
注4）　水産1級：ボラ，ノリ等の水産生物用。
注5）　環境保全：国民の日常生活（沿岸の遊歩等を含む）において不快感を生じない限度。

資料7　窒素・リンに係る環境基準（湖沼・海域）

項目類型		利用目的の適応性	基準値	
			全 窒 素	全 リ ン
湖沼	I	自然環境保全およびII以下の欄に掲げるもの	0.07mg／ℓ	0.005mg／ℓ
	II	水道1，2，3級（特殊なものを除く）／水産1種水浴およびIII以下の欄に掲げるもの	0.15mg／ℓ	0.01mg／ℓ
	III	水道3級（特殊なもの）およびIV下の欄に掲げるもの	0.4mg／ℓ	0.03mg／ℓ
	IV	水産2種およびVの欄に掲げるもの	0.6mg／ℓ	0.05mg／ℓ
	V	水産3種／工業用水／農業用水／環境保全	1mg／ℓ	0.1mg／ℓ
海域	I	自然環境保全およびII以下の欄に掲げるもの（水道2種および3種を除く）	0.02mg／ℓ	0.02mg／ℓ
	II	水産1種水浴およびII以下の欄に掲げるもの（水産2種および3種を除く）	0.3mg／ℓ	0.03mg／ℓ
	III	水産2種およびIV以下の欄に掲げるもの（水産3種を除く）	0.6mg／ℓ	0.05mg／ℓ
	IV	水産3種／工業用水／生物生息環境保全	1mg／ℓ	0.09mg／ℓ

資料8　大気関係の排出基準（大気汚染防止法）

物 質 名	規制基準		上乗せ基準
	一般排出基準	特別排出基準	
硫黄酸化物（SOx）	K＝3.0〜17.6（16ランク）総量規制（24地域）	K＝1.17〜2.34（汚染の著しい地域の新増設施設に適用）	認めない
ばいじん	0.05〜0.50g／m³N施設の種類，規模および新設，既設ごと	0.03〜0.25／m³N（施設の種類，規模ごと）	認めている特排は認めない
カドミウム，カドミウム化合物	1.0mg／m³N	なし	認めている
鉛，鉛化合物	10〜30mg／m³N（施設の種類によって異なる）	なし	認めている
塩素，塩化水素	塩素　30mg／m³N塩化水素　80〜700mg／m³N（施設の種類によって異なる）	なし	認めている
フッ素，フッ化水素，フッ化ケイ素	1.0〜20mg／m³N（施設の種類によって異なる）	なし	認めている
窒素酸化物	・既設の施設　10,000m³／h以上の重油ボイラー：130〜150ppm　（施設の規模によって異なる）・新設の施設　全重油ボイラー：130〜180ppm（施設の規模によって異なる）・総量規制（3地域）		認めている
ダイオキシン類	0.6pg-TEQ／m³以下年平均値：0.8pg-TEQ／m³		

資料9　大気汚染に係る環境基準

物　　質	環境上の条件[3]
二酸化窒素 NO$_2$	1時間値[1] の1日平均値が0.04ppmから0.06ppm[2] までのゾーン内またはそれ以下であること
浮遊粒子状物質 SPM[4]	1時間値の1日平均値が0.10mg／m^{3}以下であり，かつ，1時間値が0.20mg／m3以下であること
一酸化炭素 CO	1時間値の1日平均値が10ppm以下であり，かつ，1時間値の8時間平均値が20ppm以下であること
光化学オキシダント[5]	1時間値が0.06ppm以下であること
二酸化硫黄 SO$_2$	1時間値の1日平均値が0.04ppm以下であり，かつ，1時間値が0.1ppm以下であること
ベンゼン	1年平均値が0.003mg／m^{3}以下であること
トリクロロエチレン	1年平均値が0.2mg／m^{3}以下であること
テトラクロロエチレン	1年平均値が0.2mg／m^{3}以下であること
ジクロロメタン	1年平均値が0.15mg／m^{3}以下であること

＊1)　1時間値：1時間ごとに計測される値。
＊2)　ppm：体積割合をいう単位。1ppmは1,000,000分の1。
＊3)　環境基準は，工業専用地域、車道その他一般公衆が通常生活していない地域または場所については，適用しない。
＊4)　浮遊粒子状物質：大気中に浮遊する粒子状物質であってその粒径が10μm以下のものをいう。
＊5)　光化学オキシダントとは、オゾン，パーオキシアセチルナイトレートその他の光化学反応により生成される酸化性物質（中性ヨウ化カリウム溶液からヨウ素を遊離するものに限り，二酸化窒素を除く）をいう。

資料10　騒音に係る環境基準

地域の類型	基 準 値	
	昼　　間	夜　　間
AA	50デシベル以下	40デシベル以下
AおよびB	55デシベル以下	45デシベル以下
C	60デシベル以下	50デシベル以下

注1）　時間の区分は，昼間を午前6時から午後10時までの間とし，夜間を午後10時から翌日の午前6時までの間とする。

注2）　AAを当てはめる地域は，療養施設，社会福祉施設等が集合して設置される地域など特に静穏を要する地域とする。

注3）　Aを当てはめる地域は，もっぱら住居の用に供される地域とする。

注4）　Bを当てはめる地域は，主として住居の用に供される地域とする。

注5）　Cを当てはめる地域は，相当数の住居とあわせて商業，工業等の用に供される地域とする。

※　次表に掲げる地域に該当する地域（以下「道路に面する地域」という）については，下表のとおり。

地域の区分	基 準 値	
	昼　　間	夜　　間
A地域のうち2車線以上の車線を有する道路に面する地域	60デシベル以下	55デシベル以下
B地域のうち2車線以上の車線を有する道路に面する地域およびC地域のうち車線を有する道路に面する地域	65デシベル以下	60デシベル以下
幹線交通を担う道路に近接する空間	70デシベル以下	65デシベル以下

主な参考文献

OECD（経済協力開発機構）編『OECD レポート 日本の環境政策〔新版〕』（中央法規出版，2002年）

淡路隆久編集代表『環境法辞典』（有斐閣，2002年）

飯島伸子『環境社会学』（有斐閣，1995年）

石坂匡身編著『環境政策学——環境問題と政策体系』（中央法規出版，2000年）

植田和弘『環境経済学への招待』（丸善，2001年）

「エネルギーと環境」編集部編／環境省地球環境局編集協力『ヨハネスブルグ・サミットからの発信——「持続可能な開発」をめざして：アジェンダ21完全実施への約束』（エネルギージャーナル社，2003年）

大塚直『環境法〔第3版〕』（有斐閣，2010年）

環境アセスメント研究会編『わかりやすい戦略的アセスメント』（中央法規出版，2000年）

環境影響評価制度研究会編『環境アセスメントの最新知識』（ぎょうせい，2006年）

環境省総合環境政策局総務課編著『環境基本法の解説〔改訂版〕』（ぎょうせい，2002年）

気候ネットワーク編『よくわかる地球温暖化問題〔新版〕』（中央法規，2009年）

北川秀樹編著『中国の環境問題と法政策——東アジアの持続可能な発展に向けて』（法律文化社，2008年）

北村喜宣『自治体環境行政法〔第7版〕』（第一法規，2015年）

北村喜宣『環境法〔第4版〕』（弘文堂，2017年）

佐和隆光『地球温暖化を防ぐ——20世紀型経済システムの転換』（岩波書店，1997年）

佐和隆光ほか編『環境経済・政策学』（岩波講座）全8巻（岩波書店，2002年）

シーア・コルボーン他／長尾力訳『奪われし未来〔増補改訂版〕』（翔泳社，2001年）

循環型社会法制研究会編『循環型社会形成推進基本法の解説』（ぎょうせい，2000年）

高村ゆかり・亀山康子編著『地球温暖化交渉の行方——京都議定書第一約束期間後の国際制度設計を展望して』（大学図書，2005年）

武内和彦・住明正・植田和弘『環境学序説』（岩波書店，2002年）

N. マイアース／林雄次郎訳『沈みゆく箱舟』（岩波書店，1981年）

原科幸彦編著『市民参加と合意形成——都市と環境の計画づくり』（学芸出版社，2005年）

松下和夫『環境ガバナンス』（岩波書店，2002年）

宮本憲一『戦後日本公害史論』（岩波書店，2014年）

横山長之・市川惇信編『環境用語事典』（オーム社，1997年）

吉田文和『循環型社会——持続可能な未来への経済学』（中央公論新社，2004年）

UNEP：World Atlas of Desertification Second Edition（London, Edward Arnold, 1997）

環境省：環境アセスメント制度のあらまし（パンフレット）（2001年）

環境省：「日本の廃棄物処理平成27年度版」（2015年）

環境省：「平成27年版　環境・循環型社会・生物多様性白書」（2016年）

環境省：「一般廃棄物の排出及び処理状況等（平成27年度）について」（2017年）

林野庁北海道森林管理局：森林の基礎知識（http://www.shiretoko.go.jp/kyoshitsu/kiso/kisotisiki02.html）

鳥取大学乾燥地研究センターホームページ（http://www.alrc.tottori-u.ac.jp/）

索　引

あ

アースディ 4, 9
ISO14001 103, 187
ISO26000 190
青　潮 39, 40, 77
青森・岩手県境事件 20
赤　潮 39, 40, 77, 78
悪　臭 31, 37
　　──防止法 122
アクリロニトリル 24
アジェンダ21 9, 166
足尾銅山鉱毒事件 12, 13
亜硝酸性窒素 37, 38
アセスメント条例 109
油汚染 40
アラモゴルド 4
アルツハイマー病 51
アンモニア 120
　　──性窒素 37
EMAS 188
硫黄酸化物 22, 25, 70, 114
異常気象 65
イタイイタイ病 15, 17, 128
一酸化二窒素（N_2O） 59
一般廃棄物 41, 44, 143, 144
移動発生源対策 117
『奪われし未来』 51
浦安事件 18, 119
上乗せ 115
HCFC 69
ABS（遺伝資源のアクセスと利益配分） 178
エーロゾル 74
エコアクション21認証・登録制度 164
エコファンド 189
エコポイント制度 159
エコマーク 102

SRIファンド 189
SS（浮遊物質量） 37
SDS（安全データシート） 170
エチルベンゼン 170
越境大気汚染 31
NGO 190
エネルギーの使用の合理化等に関する法律 136
エルニーニョ現象 57
塩化水素 49
塩化ビニル 23
塩素原子 67
オイルショック 136
大阪アルカリ 13, 16
オーデュボン協会 2
オキシダント 24
汚染者負担の原則 4, 9, 95, 98
オゾン層 67
　　──破壊 53
　　──破壊物質 67
　　──保護のためのウィーン条約 8
　　──を破壊する物質に関するモントリオール議定書 8, 68
オゾンホール 7, 67, 68
汚物掃除法 141, 145
温室効果ガス 57, 59, 60, 61, 81
　　──排出量算定・報告・公表制度 133

か

海岸漂着物 77
海洋汚染 53, 76
外来種 88, 89
外来生物 90
　　──法 179
化学的酸素要求量（COD） 34, 36, 114, 119
化学物質 47, 48, 49
　　──環境調査 49
　　──管理促進法（化管法） 166, 169

──審査規制法（化審法）……167
──の登録，評価，認可及び制限に関する規則（REACH）……166
──リスクアセスメント……113
閣議アセス……105
拡大生産者責任……147, 158, 161
化石燃料……60, 70
課徴金……102
家電リサイクル法……42, 156
カドミウム……15, 49
カリンB号……8
枯葉剤……3, 51
川崎ぜんそく……25
感覚公害……31
環境アセスメント（環境影響評価）……103, 105
環境影響評価準備書（準備書）……107
環境影響評価書（評価書）……107
環境影響評価法……20, 106, 109
環境影響評価方法書（方法書）……107
環境会計……189
環境ガバナンス……185
環境基準……24, 34, 35, 38, 94, 113, 119
環境基本計画……94, 95
環境基本法……23, 92, 105
環境教育等による環境保全の取組の促進に関する法律（環境教育等促進法）……183
環境権……92
環境効率性……97
環境省レッドリスト2017……177
環境税……94
環境庁……19
環境と開発に関する国連会議（リオ・サミット，地球サミット）……9, 92, 129
環境と開発に関するリオ宣言（リオ宣言）…9, 95
環境に関する情報の取得，環境に関する決定過程への公衆参加および司法救済に関する条約（オーフス条約）……100
環境の日……93
環境の保全のための意欲の増進及び環境教育の推進に関する法律……182
環境配慮契約法……165

環境報告書……188
環境保全措置……108
──等の報告書（報告書）……107
環境ホルモン……51
環境マネジメントシステム……187
環境モデル都市・環境未来都市……185, 186
環境リスク……48, 97, 99
管理票（マニフェスト）……158
企業の社会的責任（CSR）……190
気候システム……57, 58, 63
気候変動……53
──に関する政府間パネル（IPCC）…60, 62, 81
気候変動枠組条約……9
──第3回締約国会議……20
キシレン……170
規制的手法……101
揮発性有機塩素化合物……25
揮発性有機化合物（VOC）……69
岐阜県椿洞事件……20
キャップアンドトレード方式……102
行政機関の保有する情報の公開に関する法律……100
共通だが差異のある責任……9, 10
共同実施……130
京都議定書……61, 129
──目標達成計画……133
極域成層圏雲……68
空中鬼……73
熊本水俣病……17
クリーン開発メカニズム……130
グリーンエコノミー……10
グリーン購入……164
──ネットワーク……165
──法……163
グリーン税制……102
グリーン電力証書……140
黒い三角地帯……73
クロムおよび三価クロム化合物……170
クロロフルオロカーボン……67
計画段階環境配慮書（配慮書）……107, 111
経済協力開発機構（OECD）……4

経済調和条項 19, 114
形質変更時要届出区域 125
K値規制 116
原因者負担 94
原生自然環境保全地域 175
建設リサイクル法 161
建築物用地下水の採取の規制に関する法律 123
公益的機能 81
公園管理団体 174
公　害 93
　　──健康被害の補償等に関する法律 128
　　──国会 115
　　──対策基本法 18, 92
　　──白書 18
　　──輸出 19
光化学オキシダント 3, 30, 71, 72, 115
光化学スモッグ 3, 23, 24, 31, 69, 114
公共用水域 34, 35, 119
　　──の水質の保全に関する法律（水質保全法） 119
工業用水法 123
黄　砂 30, 31, 74
　　──観測延べ日数 75
工場排水等の規制に関する法律（工場排水規制法） 119
公有水面埋立法 105
港湾法 105
小型家電リサイクル法 159
国際的に重要な湿地に関する条約（ラムサール条約） 5
国際貿易の対象となる化学物質及び駆除剤についての事前の, かつ情報に基づくロッテルダム条約 166
国定公園 173
国立公園 173
国連「持続可能な開発のための教育の10年（ESD）」 183
国連環境計画 7
国連気候変動枠組条約 129
国連持続可能な開発サミット 10
国連ナイロビ環境会議 7

国連人間環境会議 5
湖沼水質保全特別措置法 34, 120
国家環境政策法 105
COP3 9, 20
COP21 11, 130
固定価格買取制度 21, 139
固定発生源対策 115
コプラナーポリ塩化ビフェニル 24, 126

さ

サーマルリカバリー 155
最終処分場 44, 45
㈶日本容器包装リサイクル協会 153
砂漠化 81
　　──問題 53
サリドマイド 3
産業廃棄物 41, 43, 44, 143, 144
　　──税 102
酸性雨 6, 23, 29, 31, 53, 70, 71, 72, 90
　　──モニタリング 71
三フッ化窒素（NF_3） 59
残余年数 45
残留性有機汚染物質に関するストックホルム条約（POPs条約） 166
シエラ・クラブ 2
事業アセス 111
ジクロロメタン 24
資源の有効な利用の促進に関する法律（資源有効利用促進法） 148
自主的取組手法 98, 102
自然環境保全地域 176
自然環境保全法 175
自然公園 173
　　──法 173
自然再生推進法 176
自然の要因 57, 83
自然保護官（レンジャー） 174
持続可能な開発目標（SDGs） 6, 7, 10, 93, 190, 191
持続的発展 93
シックハウス症候群 22, 50
　　──防止対策 172

自動車から排出される窒素酸化物及び粒子状物質の特定地域における総量の削減等に関する特別措置法（自動車 NOx・PM 法）……26, 117
自動車リサイクル法……159
地盤沈下……16, 123
社会的責任投資（SRI）……189
受益者負担……95
種の多様性……90
種の保存法……179
シュレッダーダスト……159
循環型社会……146
　　──形成推進基本法……20, 145
詳細環境調査……50
硝酸性窒素……37, 38
情報公開……100
情報交流……108
情報的手法……98, 102
初期環境調査……50
食品リサイクル法……42, 163
人為起源……60, 71
人為的要因……57, 83
新エネ利用促進法……138
新エネルギー関連法……138
信玄公旗掛松事件……15
振　動……31
　　──規制法……121
侵入種……88
森林破壊……53, 78
人類の危機（成長の限界）……5
水　銀……24
　　──に関する水俣条約……167
水資源……32
水質汚濁……34, 35, 94
　　──防止法……35, 119
水素イオン……120
　　──濃度（pH）……119
水道原水水質保全事業の実施の促進に関する法律……121
水利権……32
スーパーファンド法……6, 123
スパイクタイヤ粉じん……117

　　──の発生の防止に関する法律……115
スモッグ……25
スモン病……18
ゼアラレノン……53
生活環境項目……36
生活系ごみ（家庭ごみ）……41, 42
生活排水……34, 76
成層圏……67
清掃法……141, 145
成長の限界……55
生物化学的酸素要求量（BOD）……34, 36, 120
生物多様性……81, 83, 84, 90, 91
　　──基本法……181
　　──国家戦略……178
　　──の喪失……84
生物の多様性に関する条約（生物多様性条約）……9, 178
赤外線……57
石油コンビナート……25
石綿（アスベスト）……25, 127
　　──による健康被害の救済に関する法律……127
絶滅危惧種……87
絶滅種……87
絶滅速度……86
絶滅のおそれのある野生動植物の種の国際取引に関する条約（ワシントン条約）……5, 178
瀬戸内海環境保全特別措置法……120
セベソ事件……5
セベソ指令……5
洗濯機・衣類乾燥機……156
全窒素……37
戦略的環境アセスメント（SEA）……111
　　──導入ガイドライン……111
全リン……38
騒　音……31, 94
　　──規制法……121
総量規制……114, 120

た

第 1 種地域……128
第 1 約束期間……130

索引

208

ダイオキシン ……23, 24, 25, 48, 51, 52, 125
　——類対策特別措置法 ……126
大気汚染 ……22, 24, 27, 94
　——と気候変動に関する閣僚会議 ……9
　——物質 ……22, 24, 25
大腸菌群数 ……37
第2種地域 ……128
耐容1日摂取量（TDI）……126
第4次環境基本計画 ……96
対流圏オゾン ……69
田子の浦のヘドロ堆積 ……18
ダストドーム ……24
ただ乗り事業者 ……154
脱硫装置 ……29
脱硫・脱硝技術 ……25
WSSD ……9
タンカー事故 ……76
炭化水素 ……24
炭素税 ……102
チェルノブイリ原子力発電所 ……8
地下水汚染 ……39
地球温暖化 ……34, 55, 56, 57, 81, 86, 89
　——係数 ……60
　——対策計画 ……135
　——対策の推進に関する法律 ……132
　——防止活動推進員 ……132
　——防止活動推進センター ……132
地球環境保全 ……93
　——に関する関係閣僚会議 ……130
地球環境問題 ……53
地中貯留（CCS）……141
窒素酸化物 ……22, 24, 25, 49, 70, 114
地方環境審議会 ……95
地方自治体 ……184
中央環境審議会 ……95
長距離越境大気汚染条約（ウィーン条約）……5, 7
調和条項 ……115
直接規制的手法 ……97
直罰制 ……115
『沈黙の春』……3, 51, 165
追跡調査 ……108

TEQ ……24
DO（溶存酸素量）……36
ディーゼル車 ……117
DDT ……51
底質 ……49
低炭素社会実行計画 ……102
豊島産業廃棄物不法投棄事件 ……20, 142
手続き的手法 ……98
テトラクロロエチレン ……24, 38, 116
デポジット ……94
　——制度 ……102
デング熱 ……67
典型七公害 ……93
電子管理票（マニフェスト）……161
東京ごみ戦争 ……141, 145
東北地方太平洋沖地震 ……20
特異性疾患 ……128
特定外来生物 ……180
　——による生態系等に係る被害の防止に関す
　　る法律（外来生物法）……179
特定施設 ……119, 126
特定水道利水障害の防止のための水道水源水域
　の水質の保全に関する特別措置法 ……121
特定フロン（CFC等）……19, 59, 69, 165
特定有害物質 ……49
特に水鳥の生息地として国際的に重要な湿地に
　関する条約（ラムサール条約）……178
土壌汚染 ……94, 123
　——対策法 ……49, 125
　——の浄化責任を定める包括的環境対策補償
　　責任法 ……6
トップランナー制度 ……137
都道府県自然環境保全地域 ……176
都道府県立自然公園 ……173
トリー・キャニオン号 ……3
トリクロロエチレン ……24, 38, 116, 125
トリハロメタン ……51, 121
トリブチルスズ ……52, 77
トルエン ……170
土呂久鉱毒病 ……18
トロント会議 ……8

な

内分泌かく乱化学物質 51
ナショナル・トラスト 2
七色の煙 14
ナホトカ号事件 76, 77
鉛 38, 49, 125
新潟水俣病 17
二酸化硫黄 25, 29
二酸化炭素（CO_2） 22, 55, 59, 71
二酸化窒素（NO_2） 26, 29, 69
西ナイル熱ウイルス 66
ニッケル化合物 24
熱中症 66
年次報告 94
燃料電池自動車 141
農業用水 33, 36
農用地の土壌の汚染防止等に関する法律 123
ノールトウェイク宣言 9
ノニフェノール 51

は

パーフルオロカーボン（PFC） 59
ばい煙排出規制 115
ばい煙防止に関する意見書 13
バイオマス燃料 136
廃棄物 41, 78, 147
廃棄物その他のものの投機による海洋汚染の防止に関する条約（ロンドン・ダンピング条約） 5
廃棄物の処理及び清掃に関する法律（廃棄物処理法） 45, 142, 145
排出者責任 147
排出抑制推進員制度 154
排出量（権）取引 102
ハイドロフルオロカーボン（HFC） 59, 69
廃プラ類 46
白内障 67
暴露量調査 50
発展途上国の公害問題 53
発泡スチロール 76

パリ協定 11, 130
PRTR 法 169
PM2.5 29, 118
PDCA サイクル 103, 187
ヒートアイランド 24, 34
東アジア酸性雨モニタリングネットワーク 72
ビスフェノール A 52
砒素 38, 125
日立鉱山煙害事件 14
非特異性疾患 128
非ハロゲン化有機化合物 23
皮膚ガン 67
漂着ごみ 40
VOC 116
風景地保護協定制度 174
富栄養化 77
賦課金 94
福島第一原子力発電所 20
　　――事故 92
フッ化ケイ素 49
フッ化水素 49
物質循環 84
フッ素 38, 49
不法投棄 45
フミン質 121
浮遊粒子状物質 22, 26, 29
プラスチック 76
ブラックバス 90
プランテーション開発 80
ブルーギル 90
ブルントラント委員会 7, 93
フロン類 160
粉じん規制 115
閉鎖性水域 34
pH 36, 64, 71
ベスト追求型 106
別子銅山煙害事件 12, 13
ペットボトル 153, 154, 155, 156
ベンゼン 24, 116
放射強制力 60
ボパール 7

——の農薬工場 ……………………7
ポリ塩化ジベンゾ - パラ - ジオキシン ……126
ポリ塩化ジベンゾフラン ………………126
ポリ塩化ビフェニール（PCB）………48, 51, 165
　——によるカネミ油症 ………………18
ポリシーミックス ……………………98
ホワイトヘブン原子力発電所 ……………5

ま

マスキー法 ………………………4
MARPOL73／78条約 …………………40
マンガンおよびその化合物 ……………170
慢性砒素中毒症 …………………128
三島・沼津石油コンビナート建設中止 …18
水循環 ………………………32
緑の党 ………………………7
緑のペスト ………………………73
水俣病 ……………………17, 128
無過失賠償責任 …………………119
メタン（CH$_4$）………………59, 60, 61
目的追求型 ………………………106
モニタリング調査 ………………50
森永砒素ミルク中毒 ………………18

や

野生生物種減少問題 ………………53
野生生物の減少 ……………84, 88, 90
八幡製鉄所 ………………………14
有害化学物質 ……………47, 48, 50, 89
有害紫外線（UV-B）………………67
有害大気汚染物質 ……………23, 49, 116
有害廃棄物の越境移動 ……………53
有機スズ ………………………51

ユニオンカーバイド社 ………………7
容器包装 ………………………152
　——リサイクル法 …………42, 44, 152
要措置区域 ………………………125
横だし条例 ………………………115
四日市公害 ………………………17
四日市ぜんそく …………………25
ヨハネスブルグ・サミット ……………9, 11
予防原則 ………………………99
予防的アプローチ ………………9
4大公害 ………………………17

ら

ライフサイクルアセスメント（LCA）………112
ラブ・キャナル事件 ………………6
乱　獲 ……………………88, 89
リオ + 10 ………………………9
リオ + 20 ………………………10
リサイクル率 ………………42, 44, 45
リスク・コミュニケーション …………100, 171
緑字決算 ………………………189
レアメタル ………………………159
冷蔵庫 ………………………156
冷凍庫 ………………………156
ローマクラブ ……………………5, 55
六フッ化硫黄（SF$_6$）………………59
ロンドン条約 ……………………40, 76

わ

枠組規制的手法 ……………………97
ワシントン条約 …………………179
渡り鳥条約 ………………………179
我ら共有する未来 …………………7, 93

索
引

211

■ 著者紹介

北川　秀樹（きたがわ・ひでき）

1953年生まれ。京都大学法学部卒業，博士（国際公共政策・大阪大学）。京都府庁文化芸術室，地球環境対策推進室などを経て，

現在，龍谷大学政策学部教授。専門は，環境政策，中国行政法。

第1章，第3章3-1〜3-3・3-5〜3-10，第4章執筆

【主な著書・論文】

『病める巨龍・中国』（文芸社，2000年）

「行政法」『現代中国法講義〔第3版〕』（法律文化社，2008年）

『中国の環境問題と法政策—東アジアの持続可能な発展に向けて』〔編著〕（法律文化社，2008年）

『中国の環境法政策とガバナンス』〔編著〕（晃洋書房，2012年）

『町家と暮らし—伝統，快適性，低炭素社会の実現を目指して』〔共編著〕（晃洋書房，2014年）

『中国乾燥地の開発と環境』（成文堂，2015年）

"Environmental Policy and Governance in China"〔ed.〕(Springer, 2017)

増田　啓子（ますだ・けいこ）

1948年生まれ。法政大学文学部人文科学研究科修了，法政大学文学部助手，筑波大学地球科学系準研究員，国立環境研究所主任研究員，龍谷大学経済学部教授を経て，

現在，龍谷大学名誉教授。専門は，環境気候学。

第2章，第3章3-4執筆

【主な著書・論文】

「生物季節」『環境気候学』（東京大学出版会，2003年）

「生物季節」『日本の気候第2巻』（二宮書店，2004年）

『地球温暖化防止の課題と展望』〔共編著〕（法律文化社，2005年）

「地球温暖化とヒートアイランド現象による温暖化—世界・日本・近畿における気温の長期変動」『環境技術』37巻6号（2008年）

「過去からみた現在の温暖化気候」『環境技術』37巻6号（2008年）

「中国各地の気温変化の実態—地球温暖化対策に向けて」『中国の環境法政策とガバナンス—執行の現状と課題』〔共著〕（晃洋書房，2011年）

『町家と暮らし—伝統，快適性，低炭素社会の実現を目指して』〔共編著〕（晃洋書房，2014年）

「中国西北部における近年の気候の変化と異常気象現象」『中国乾燥地の環境と開発—自然，生業と環境保全』〔共著〕（成文堂，2015年）

Horitsu Bunka Sha

新版 はじめての環境学

2009年4月25日　初　版第1刷発行
2012年4月5日　第2版第1刷発行
2018年1月20日　新　版第1刷発行

著　者　北川秀樹・増田啓子
発行者　田靡純子
発行所　株式会社 法律文化社
〒603-8053
京都市北区上賀茂岩ヶ垣内町71
電話 075(791)7131　FAX 075(721)8400
http://www.hou-bun.com/

＊乱丁など不良本がありましたら、ご連絡ください。
送料小社負担にてお取り替えいたします。

印刷：㈱冨山房インターナショナル／製本：㈱藤沢製本
装幀：谷本天志

ISBN 978-4-589-03892-0
©2018 H. Kitagawa, K. Masuda Printed in Japan

JCOPY　〈(社)出版者著作権管理機構　委託出版物〉

本書の無断複写は著作権法上での例外を除き禁じられています。複写される場合は、そのつど事前に、(社)出版者著作権管理機構(電話 03-3513-6969、FAX 03-3513-6979, e-mail: info@jcopy.or.jp)の許諾を得てください。

北川秀樹編著

中国の環境問題と法・政策
—東アジアの持続可能な発展に向けて—

A5判・454頁・5800円

経済・社会の急速な発展にともない環境汚染や環境破壊の進行が懸念されている今日の中国。本書は、転換期にある中国の環境法政策の現状と課題を論述し考察する。各分野に精通した日中の研究者による共同研究の集大成。

嘉田由紀子・新川達郎・村上紗央里編

レイチェル・カーソンに学ぶ現代環境論
—アクティブ・ラーニングによる環境教育の試み—

A5判・214頁・2600円

カーソンのアイデアに学びつつ、自分自身の感性や関心に立脚して環境問題を考えるための教育実践を書籍化。カーソンの思想と行動を解説した後、環境教育を切り拓いてきた著名な執筆者による多角的なアプローチを示し、実際に行われた教育実践の結果を考察。

今村光章編

環境教育学の基礎理論
—再評価と新機軸—

A5判・232頁・3400円

環境教育学の理論構築に向けた初めての包括的論考集。自然保護教育・公害教育などの教育領域ごとに発展してきた理論や学校・地域における教育実践に基づく学問的基礎理論を整理のうえ、環境教育学の構築を探究する。

勝田悟著

環境保護制度の基礎〔第3版〕

A5判・224頁・2500円

環境保護のための制度について、資源活用の効率化、有害物質の拡散防止などの側面から解説。国際的な動向をふまえ、放射性物質の環境汚染、PM2.5による大気汚染、生物多様性条約など近時の動向について加筆した。

富井利安編〔αブックス〕

レクチャー環境法〔第3版〕

A5判・298頁・2700円

日本の公害・環境問題の展開を整理のうえ、環境法の基礎と全体像を学べるよう工夫した概説書。好評を博した旧版刊行以降の動向をふまえて加筆・修正。さらに原発事故災害をうけて、新たな章「原発被害の救済と法」を設ける。

大塚直編〔〈18歳から〉シリーズ〕

18歳からはじめる環境法

B5判・104頁・2300円

法がさまざまな環境問題をどのようにとらえ、解決しようとしているのかを学ぶための入門書。通史をふまえた環境法の骨格と、環境問題の現状と課題を整理。3.11後の原発リスクなど最新動向にも触れる。（2018年春改訂予定）

—— 法律文化社 ——

表示価格は本体（税別）価格です